世界のビジネスエリートが大注目！

教養として知りたい日本酒

八木・ボン・秀峰

JN078121

PHP

はじめに

日本酒は「米」と「水」と「麹」を原料にして造られます。しかし、例え同じ米を使っても同じ味わいの酒にはなりません。

米は900種類以上が全国各地で栽培されていますが、そのうち酒造りに特化した米を「酒造好適米」と言い、現在、120を超える銘柄が登録されています。米が違えば当然酒の香味は異なりますが、米は精米して使います。その精米の度合いによっても、出来上がる酒のタイプは違ってきます。磨きの度合いを「精米歩合」と言い、食用米は90%程度ですが、酒造りに使う米は少なくても70%、吟醸酒と呼ばれるタイプだと60%と規定されています。つまり米の表面を40%削って使うわけで、原価率の高い商品となります。

さらに水が違えば、それぞれに飲み口に差が生れます。酒造りに使う水は「仕込み水」と呼ばれ、日本酒の約8割を占める重要な成分です。一般には軟水、硬水に分けられますが、その硬度やミネラル成分によって味わいは大きく変わります。硬水はミネラルを豊富に含んでいるため、どっしりした辛口の酒になる傾向があり、一方軟水だと口当たり柔らかな甘口の酒になりやすいと言われています。

またアルコールを発酵させるために酵母を加えますが、その種類によっても香りは大きく異なります。リンゴかメロン、またはバナナの香りによく例えられています。

さらに面白いことに、米の品種、精米歩合、仕込み水、酵母が全く同じでも、造る人が違えば同じ味わいにはなりません。酒造りの最高責任者は「杜氏（とうじ）」と呼ばれていますが、全国各地に流派が存在するからです。もっと言えば同じ流派でも、個人によって酒には差が生じます。つまり、酒は造り手の個性、人格を反映するのです。

まったくもって日本酒とはファジーな、手造り製品。瓶詰めした後にも熟成しあるいは劣化します。冷酒、常温、人肌燗、ぬる燗、熱燗と飲用温度によっても風味は変わってきます。つまりは、柔軟性に富んだアルコール飲料なんです。よく「懐が深い」と評価されていますが、それだけ繊細で奥深いということなのでしょう。

本書では代表的な原料米を使った銘柄、特筆すべき酵母で醸した銘柄、四大杜氏と呼ばれる流派の名杜氏が手がけた銘柄などを中心に紹介しています。また昔ながらの生酛（きもと）造りや山廃（やまはい）仕込みにこだわる蔵元、特異な信念のもとにスパークリング日本酒やにごり酒、古酒造りに徹する蔵、地域の歴史や文化を背負った地酒蔵、そして海外で高い評価を得ている銘柄についても、厳選して紹介しました。

東京オリンピックを機に海外から訪れる旅行者が増え、和食とともに日本酒への関心が高まりを見せる昨今、ビジネスシーンでも日本酒が話題に上る機会も多くなることでしょう。本書の、知っておくと便利な日本酒のあれこれがお役に立てば幸いです。

八木・ボン・秀峰

二〇二〇年二月

教養として知りたい日本酒◎目次

I　私がお薦めする50銘柄

その1　米と水と酵母の力

その2　杜氏の技術、手間をかけた仕込

その5

地域の歴史と文化を背負って

Ⅱ 世界に日本酒を広めるための7つの戦略

装丁：印牧真和

I

私がお薦めする50銘柄

その1

米と水と酵母の力

1 「龍力」たつりき　本田商店　兵庫県姫路市

「山田錦」の本場で「山田錦」にこだわる

酒造りに適した米を酒造好適米と言います。多くの種類がありますが、最高峰とされているのが「山田錦」。酒米の王様とも表現されています。兵庫県明石市の兵庫県立農事試験場にて、「山田穂」と「短稈渡船（たんかんわたりぶね）」を人工交配させて誕生、1936年（昭和11年）に品種登録されました。その後、全国で栽培されるようになりますが、生産量の約8割は兵庫県が占めています。ちなみに全国新酒鑑評会で金賞を受賞する酒の多くは、「山田錦」によって造られています。

「山田錦」の日本最大の生産地・兵庫県にあって、この米の素晴らしさをアピールしているのが、姫路市に蔵がある「龍力」の醸造元・本田商店です。同じ「山田錦」でも、収穫地によって品質が違い、特A地区（超優良地帯）、A地区、B地区、C地区に分類されています。特A地区は加東市（旧社町・旧東条町）と三木市吉川町。これは栽培に適した気象条件や土質によるものです。

使用米全てが「特A地区産」

本田商店では「龍力」に使用する全ての「山田錦」は、最高級品である「特A地区産」に限定。よい米を使えばよい酒ができるという考えのもと、米の美味しさを追求していきます。「山田錦」の地元にある酒蔵として、「山田錦」の魅力を最大限に引き出す酒造りに挑んできました。ちなみに「山田錦」の価格は一般米に比べ非常に高額で、1俵（60kg）で食用米の2・5倍。特A地区産ともなれば、いかほどか推して知るべしです。その米を惜しげもなく高精米して使っているのです。

「山田錦」の特徴は、稈（かん）と呼ばれる茎の長さが長いため倒伏しやすく、また害虫や病気に弱いため、栽培が難しいとされています。しかし米粒が大きいので高精米が可能、通常の米と比べてタンパク質・脂質が少ないので、雑味のない酒になるのです。

日本の『ロマネコンティ』と言われる酒造りを目指して

それでは「山田錦」ファン垂涎の「龍力」を2本紹介しましょう。

「純米大吟醸　秋津」

特A地区産の中でも毎年最高の山田錦を栽培収穫する加東市秋津の生産者による「山田

錦」を使用。出穂までにチッソ肥料を適度に消化させて健康な稲を育て、食味を上げる「への字型栽培法」を採用し、有機肥料を使って稲木掛け乾燥で仕上げています。醸造元が「究極の純米大吟醸」と太鼓判を押すだけに、華やかながら上品な香り、まろやかな味わいが堪能できます。値段は1升3万円台、フランス・ブルゴーニュの高級ワインに匹敵する価格設定となっています。

「大吟醸　米のささやき」

鑑評会出品酒クラスの大吟醸酒。全国新酒鑑評会では常連の金賞受賞酒となっています。兵庫県特A地区産「山田錦」の特上米を100%使用し、100時間かけてじっくりと自社精米。35%まで磨き上げて贅沢に醸しています。「山田錦」の上品なフルーティーさを楽しめる1本です。

なお本田家は、元禄時代から播磨杜氏の総取締役として酒造りに従事し、1921年（大正10年）に初代本田新二が「龍力」の醸造を開始しました。「大吟醸　米のささやき」が発売されたのは1979年（昭和54年）、兵庫県産特A地区の中でもさらに超優良地区「秋津」で契約栽培を行い、「純米大吟醸　秋津」を発売したのは1996年（平成8年）でした。

米にこだわり続ける、これが美味しい酒の原点と高級路線を展開し、フランスワインにも負けない高級酒で海外でも勝負しているのです。

2 「酒一筋」さけひとすじ　利守酒造　岡山県赤磐市

酒米のルーツ「雄町」

ワインがブドウの品種によって味の特徴を大別できるように、日本酒も原料米によって味わいが異なります。日本酒造りに適した米を酒造好適米（酒米）と言い、代表的なものに「山田錦」「五百万石」「美山錦」「雄町」などがあります。

この中で最も古くから栽培されてきた酒米が「雄町」。「山田錦」や「五百万石」をはじめ、多くの酒米のルーツともなっている米です。

発見されたのは江戸時代末期の1859年（安政5年）、現在の岡山市雄町に住んでいた農民が質のよい稲穂を見つけて育成しました。当初は「二本草」と名付けられましたが、いつしか栽培地の「雄町」名で呼ばれるようになったと伝わります。

現在では、岡山県が「雄町」全生産量の約95％を占め、同県を代表する酒米になっています。豊富な日照量と瀬戸内海沿岸の気候、水はけのいい土質など、岡山県の風土が適しているものと推察されます。生まれ故郷である岡山県南部（備前地方）を中心に栽培されており、中でも最高品質とされるのは旧軽部村（現在の赤磐市の一部）産のものです。

幻と化しつつあった「雄町」の復活

「雄町」の特徴は、コシヒカリなどの食用米に比べると、大粒で芯の白い部分が大きく、かつ軟質であるために良い麹が造りやすいこと。そのため、足腰が強く飲み応えのある酒になり、昭和初期には品評会で上位入賞するには「雄町」で醸した吟醸酒でなければ不可能とまで言われました。しかし、1・8mと他品種に比べて背が高いため台風に弱く、病虫害にも弱かったため、栽培が難しく次第に生産量が減少。「雄町」を改良した「山田錦」に人気は移っていきました。

この「雄町」にこだわり、幻の米と化しつつあった危機を救ったのが「酒一筋」の醸造元である利守酒造です。岡山県赤磐市にあるこの蔵は、1868年（慶応4年）に創業。幕末から明治へと移る激動の時代にスタートしました。

4代目蔵元の利守忠義氏は、「地元の米を使い地元の水で仕込んで、地元の気候風土で醸す本物の地酒を造りたい」との思いから、「雄町」栽培の復活に乗り出します。残されていた一握りの稲穂を見つけて、地元赤磐の農家に呼びかけて回りました。しかし、「有機肥料・無農薬」を目指す「雄町」の栽培は簡単に着手できるものではなかったと、蔵元は振り返ります。「雄町」の酒の記録をたどり、荒々しくも繊細な「雄町」の酒の魅力を説き、周囲の協力を得ながら、契約栽培によってようやく復活された米は、「赤磐雄町」と命名されました。そして「酒一筋」の原料米になり、後に「赤磐雄町」ブランドの誕生になるのです。

オマチストの熱狂的支持を得て

一般に「雄町」で造った酒は、「ふくよかで円みのある旨み」「幅のある複雑な味わい」「深いコクと長い余韻」「米の甘みと酸味との調和」を持つと評価されています。

飲んでみると確かに「雄町」の酒はふくよかで旨みたっぷり、後味に独特の苦みが感じられて食を誘います。燗を付けると一段と旨みが花開き、このボディ豊かな味わいに惹かれた「オマチスト」なる熱狂的支持者も少なくありません。

海外での評価も高く、ロンドンで開催された世界最大級の品評会IWC2019ではSAKE部門・純米大吟醸の部で「赤磐雄町ゴールド」がGOLDメダル受賞酒の中から選ばれる最高賞のトロフィーを受賞。また、パリで開催された「Kura Master 2019」では「酒一

筋 純米吟醸 金麗」がプラチナ賞を受賞しています。

利守酒造では、ワインの世界における第一級のシャトーのように、将来的には全ての原料米を自社で栽培し、収穫、そして酒を醸す蔵を目指したいということです。

3 「渡舟」わたりぶね 府中誉酒造 茨城県石岡市

土地の風土を伝える米

茨城県の中南部に位置する石岡市は常陸国の国府が置かれた地。長らく常陸府中と呼ばれてきました。その府中にて1854年（安政元年）に創業したのが府中誉酒造です。地元で親しまれる「府中誉」、濾過前取りシリーズでお馴染みの「太平海」、復活栽培米を使用した吟醸酒「渡舟」の3銘柄の酒を造っています。

酒造りに適した米を酒造好適米と言い、「山田錦」「五百万石」「美山錦」「雄町」などが代表格。その他にも各県には、その土地の風土を反映した米があります。青森には「華吹雪」「まっしぐら」、秋田には「秋田酒こまち」、山形には「雪女神」「出羽燦々」といった具合です。

ところが茨城には土地のテロワールを伝える酒米がありませんでした。昭和初期までは「短稈渡船（たんかんわたりぶね）」という品種があって重宝されていましたが、現代の稲作条件と合わず絶滅してしまったからです。

絶滅した酒米「短稈渡船」

この栽培が途絶えた酒米「短稈渡船」を復活させたのが、府中誉酒造の7代目蔵元・山内孝明さんです。１９８９年（平成元年）に実家の府中誉酒造に戻った山内さんは、「誰も作っていない品種の酒米を県内で育てて、美味しい酒を造りたい」と考えました。

そこで過去の栽培実績を調べていると、かつて「短稈渡船」という酒米を作っていたという話を耳にします。この米は病気に弱く、倒れやすいことなどから、昭和中期以降ほとんど育てられなくなった品種。実は、酒米の最高峰「山田錦」はこの「短稈渡船」と「山田穂」という品種を交配して作られたもので、「短稈渡船」は「山田錦」の父方に当たる酒米でした。

茨城県は農業も酒造りも盛んなのに、酒米は県産のものがないというのが寂しかった、と山内さんは振り返ります。そこで山内さんはさっそく全国を駆け巡って種籾を探し回り、つくば市の農業生物資源研究所に僅かに保管されていた種籾の入手に成功。分けてもらえた種籾は手のひら一杯分、たった14gでした。石岡市の農家から借りた1坪足らずの田圃で栽培を始め、徐々に作付面積を広げました。そして試行錯誤の末に1992年、石岡市内で収穫した「短稈渡船」を使い、初めて大吟醸を仕込んだのです。

酒米の名称「渡船」から「渡舟」が誕生

こうして出来上がった日本酒の名前は、酒米の名称「短稈渡船」から「渡舟」と決定されました。初年度はタンク1本分、4合瓶で300本程度しか造れなかったそうですが、販売すると反響が大きく人気商品となっていきます。「短稈渡船」は、高精白しても崩れないなど酒米に適していて、水を良く吸って溶けやすいため濃醇な味になると言われます。

「果実のようなジューシーな香りがあって、口の中で濃醇な旨みが広がります。山田錦系統なのに山田錦のような優等生の酒ではなく、独特の味があるんです」と山内さんは表現しています。

それ以降も収穫を増やすとともに研究を重ね、1996年（平成8年）には全国新酒鑑評会で初めて金賞を受賞。当時、「山田錦」以外の米での金賞は難しく、「短棹渡船」での例はありませんでした。

さらに2017年（平成29年）には、関東信越国税局酒類鑑評会で最優秀賞に輝くなど評判を広げていきました。同年4月に行われた世界最大級のワイン品評会「インターナショナル・ワイン・チャレンジ（IWC）2017」では、日本酒部門純米吟醸酒の部で、金メダルを獲得するなど海外での評価も高まっています。世界的な日本食ブームも手伝って輸出は伸びているそうで、「渡舟」は現在、アメリカ、香港、シンガポールのレストランなどで迎えられているようです。

ストイックなまでの米へのこだわり

蔵があるのは古風な町並みが残る石岡市国府。この地で創業以来、府中誉酒造は酒造りを続けています。築約140年の建物内には、木製の桶など伝統的な酒造用具が展示され、定番商品からこだわりの一品まで数種類の酒瓶が並べられていました。

長屋門や主屋、文庫蔵は明治期の建造で趣深く、穀倉は昭和初期に建てられたもので建築工法的に貴重だとか。

山内さんは2008年に社長に就任。出荷までストイックなまでに妥協をしない方針で経営に臨んでいます。例えば精米。他社に委託せず、自家精米にこだわっているのです。

コストがかかるので小規模の蔵での自社精米は一般に難しいのですが、品質の維持に欠かせないと考えてのこと。米にこだわる故に、原料処理から丁寧に手をかけているのがわかります。

最後に一押しの「渡舟　純米大吟醸」を紹介しましょう。「短稈渡船」が持つ柔らかで豊かな風味が最も感じられる一本。口に含むと上品でフルーティーな味わいが広がり、後味はすっきり。白身魚の刺し身などシンプルな料理とともに飲めば、爽やかさと芳醇さを余すことなく楽しむことができます。

4　「千代むすび」ちよむすび　千代むすび酒造　鳥取県境港市

慶びの志をむすぶ

「千代むすび」とは「永久に変わることのない人と人の固い結び、絆」を意味していると、蔵元は説明しています。1865年（慶応元年）創業の千代むすび酒造は、「日本魂」「岡正宗」の銘柄で商売していましたが、1926年以降（昭和以降）「千代むすび」

に改めました。伝統の技と「本物」を醸す心を大切に、「安心」「健康」な美味しい酒造りを通じ、お客様との「環」をもっと豊かにむすびたいとの思いからでした。

蔵は鳥取県の西部に位置する境港市にあります。日本海側の重要港湾として栄えてきた街であり、著名な漫画家水木しげるの出身地としても知られています。県内有数の観光スポット「水木しげるロード」には、代表作『ゲゲゲの鬼太郎』に登場するキャラクターの銅像が並び、訪れる人を楽しませています。

千代むすび酒造の蔵やショップは、この通り沿いに建っています。また境港には香港や韓国からの大型船が入港するため、外国人観光客も多く、そのために蔵見学を受け入れたり、水木しげる関連商品の開発・販売などを行い、市の観光振興に貢献しています。

濃醇辛口を表現する酒米「強力」

千代むすび酒造が主に使っている米は「強力（ごうりき）」という酒造好適米です。明治期から栽培され、鳥取県の奨励品種に採用されて県内水田の三分の一を占めるほど人気がありました。しかしその後、改良品種が多く出回るようになり、背が高くて倒伏しやすい「強力」の栽培量は減っていきました。昭和半ば頃には県内から姿を消したと言われています。近年復活栽培されると、「千代むすび」に積極的に取り入れ、純正度の高い米を生産し続けるために「強力を育む会」を設立しています。

「強力」は硬くて溶けにくい米のため、酒の味乗りがよくないと言われます。しかし、発酵に時間がかかる分、味に幅のある濃醇な味わいになると、5代目蔵元の岡空晴夫氏は語っています。「千代むすび」の味の方向性を濃醇辛口、つまり「ほのかな香りとふくよかな味、後味すっきり」に定めた岡空氏の志向を表現するのに、「強力」は適切な米であったのです。

ちなみに「千代むすび　純米大吟醸30」は「強力」シリーズ最高精米の酒。30％まで磨いて、米の芯の部分のみを使用した純米大吟醸です。深い味わいでありながらキレがあり、メロンなどフルーツを思わせる華やかな香り、優しい酸味は、デザートにもピッタリです。

海外への出荷比率は約3割

千代むすび酒造の酒造りの要は「一に蒸米、二に蒸米、三に蒸米」とされています。原料処理に重きを置くため、精米も自社で行い、大小2基の甑を使い分けて乾燥蒸気で蒸し上げています。仕込み水は中国山地の麓、島根県雲南市に求めて、仕込みの時期には毎日汲みに行っているそうです。やや軟水の仕込み水です。

こうしてこだわりをもって造った酒を世界中の人に飲んでもらいたい、という夢を蔵元は抱いていました。まず手始めにアメリカへの輸出を考え、自ら渡米して日本食レストランを回ります。

当時アメリカで一般的だったHot sakeではなく、冷酒の飲み方や料理に合った日本酒の選び方を説いて歩いたのです。低温コンテナでの輸送や現地での温度管理にも気を配っていました。

こうした視点は私の意向と同じで、私は早くから「千代むすび」に注目。現在もニューヨーク（NY）の日本酒レストランバー「酒蔵」で使わせてもらっています。現在、アメリカ、韓国を中心に20カ国近くに輸出し、その出荷比率は3割近いというから驚きです。

また近年、一般社団法人awa酒協会に加盟し、瓶内二次発酵によるスパークリング日本酒の開発に取り組んできました。２０１８年には「SORAH」を発売。２０２０年開催の東京オリンピックを視野に入れてのことです。乾杯酒としての地位を見定めたら、海外での展開を目指したいとのこと。岡空蔵元の挑戦は続きます。

5 「白露垂珠」はくろすいしゅ　竹の露酒造場　山形県鶴岡市

地場産米にこだわる「地讃地匠の蔵」

「白露垂珠」とは、白露が真珠のように滴り落ちる様を言い、秋月に輝く湖の情景に酔う李白の漢詩にちなみ命名されたとか。この「白露垂珠」を醸造しているのが山形県鶴岡市の竹の露酒造場です。鶴岡は全国有数の稲作地帯である庄内平野の南部に位置し、西側は日本海に面しています。そのため農産物にも海産物にも恵まれ食の都と言われています。中でも酒造好適米の生産量は県内トップクラス。また、幻の酒米として知られる「亀の尾」も、ここ鶴岡で発見された米です。

「白露垂珠」は全体的に、透明感の持続が特徴の清涼感のある酒質。こうした酒造りを可能にしているのが、酒米へのこだわりです。

竹の露酒造場では「地讃地匠の蔵」と称して地場産の米、蔵人や蔵元自らが栽培した酒造好適米を使うことを信念にしています。明治・大正生まれの主力原料米「亀ノ尾」「酒ノ華」「国ノ華」の使用はもとより、「改良信交」栽培研究会の発足、羽黒酒米栽培研究会による「美山錦」の主力米化、「亀ノ尾」「京ノ華」復活栽培の開始、そして杜氏本木勝美氏による「山形酒49号（出羽燦々）」「山形酒86号（出羽の里）」「山形酒100号（出羽きらり）」の試験栽培開始と、精力的に地場産米の生産に取り組んできました。竹の露酒造場は庄内在来酒米100％酒蔵となっています。

蔵人栽培の「雪女神」で連続金賞

「白露垂珠　雪女神33　大吟醸」は2019年の全国新酒鑑評会で4年連続の金賞を受賞しました。竹の露酒造場の蔵人が栽培した酒造好適米「雪女神」を33％まで磨き、丁寧に醸された大吟醸です。華麗、かつ上品で濃醇な旨みと透明感のある酒になっています。

山形県ではこれまで、純米吟醸クラスの酒に主に使用されていたのが「美山錦」でした。これに代わる酒米として、1995年に育成されたのが山形酒49号（出羽燦々）です。その後2004年に誕生したのが山形酒86号（出羽の里）。これは純米酒を主に造るためのものでした。そして一番上の大吟醸・純米大吟醸を目標に開発されたのが山形酒104号（雪女神）です。この米の目標は、「山田錦」を超えることだと言われます。酒米の王様と言われ、長らく鑑評会でも主役の座にあって、「山田錦」でなければ鑑評会で金賞は獲れないとまで言われました。「白露垂珠」は「雪女神」で4年連続金賞受賞を果たし、「山田錦」を超える可能性を証明したと言えます。

敷地内に超軟水の深層地下水脈

竹の露酒造場は安政の大獄が起こった1858年（安政5年）創業の酒蔵で、もとは羽黒山の麓で年中行事に使われる酒を造っていた酒屋のひとつとされています。羽黒山は月山、湯殿山とともに出羽三山と呼ばれ、明治時代までは修験道の山でした。

当時羽黒山の麓では、多くの蔵が酒造りを行っていたそうですが、江戸時代末の慶応年間に羽黒山の麓から現在地に蔵を移して、本格的に酒造業をスタートさせました。そのころの酒銘「竹の露」は、蔵の周囲が竹林であったことから生れたとのこと。地元ブランドとして親しまれてきました。鶴岡出身の小説家・藤沢周平の作品には、庄内料理がよく登場しますが、酒については「東田川郡の酒は、鯉川と竹の露が双璧」と書いています。

全国市場向けブランド「白露垂珠」を立ち上げたのは、現蔵元の相沢政男氏です。コンセプトは淡麗なのに旨さがあり、後味のキレがよいこと。そして食中酒として、幅広い料理と併せて楽しむことができる酒だそうです。

また相沢氏は酒造りに適した水を求めて、長い年月と巨額を投じ、敷地内深層地下300mに広がる石英層から、無菌超軟水の水脈を掘り当てることに成功。「月山深層無菌高水素シリカ波動超軟水」として、酒造りに使用しています。この水は蔵独自の充填ラインにより生水のままでの販売が認められていて、ガラス瓶に充填して販売。「和らぎ水」としても人気があり、欧米にも「白露垂珠」とともに輸出されています。海外展開への取り組みは1994年（平成6年）から。非常に早い時期から世界へ目を向けていた地酒蔵です。

6「澤乃井」さわのい　小澤酒造　東京都青梅市

御岳渓谷沿いの自然の中で

東京都酒造組合には10軒の酒蔵が加盟しています。この中で最古の歴史を持つのが青梅市にある小澤酒造です。青梅市は奥多摩の山々に入る入り口であり、江戸と甲州をつなぐ青梅街道の宿場町でした。甲州裏街道とも呼ばれ、青梅と奥多摩、甲府盆地をつなぐ近道として多くの旅人が行き交ったのです。江戸中期には御岳山などの信仰が盛んになり、参拝者や行者、旅芸人、行商人が往来し、宿場町としての性格を深めたと言われます。また定期的に市が開かれるようになり、織物の売買も行われたようです。

青梅市の観光パンフレットによれば、そのころ８００に迫る機屋と染め屋がひしめいていたとか。藍の染色も盛んで、江戸っ子を虜にした「青梅縞」のふる里でもありました。

こうした歴史は、青梅が古くから豊かで美しい水に恵まれていたことを物語っています。実際、渓谷美を見せる多摩川上流は「日本名水百選」に選定されています。清らかな水に育つというワサビ栽培でも知られます。また古くから霊山として崇められてきた御岳山、リバーアクティビティの楽しめる御岳渓谷は、東京都とは思えない深山幽谷の自然美を見せ、訪れる人を魅了しています。

水を育むことからの酒造り

小澤酒造の蔵はこのような御岳渓谷沿いにたたずんでいます。眼下を流れる多摩川にはサワガニが遊び、蔵のシンボルマークになっています。創業は１７０２年（元禄15年）。実に３００年以上の歴史を持ち、現当主は23代目を数えます。代表銘柄の「澤乃井」は、蔵のある地名「沢井」から命名されたもの。山の湧水が沢となって豊かに流れていることにちなむといいます。

事実、蔵の裏手にある山の斜面に掘った横井戸からは、石清水が尽きることなく湧き出ています。200年ほど前に手掘りしたもので、この水を仕込に使っています。秩父古生層から湧き出る水は、ミネラルの豊かな中硬水。発酵力が強く、キレのいい後味の酒を造るのに向いているようです。この蔵にはもう一つ井戸があり、こちらは多摩川を挟んだ対岸を水源とする軟水。異なる水質の井戸を持つ蔵は珍しく、酒によって仕込み水を使い分けているそうです。

小澤酒造の祖先はもともと甲斐・武田家の遺臣で、甲州からこの地に移り住んだ一族だと伝わります。小澤家は当初、植林を始め長らく林業に携わっていたので、周囲に山を所有していました。林業と離れてからも、東京都の水源でもある多摩川の水を育む山林を守るために、山を手放すことなく樹木を育ててきたと言います。豊かな山林が美しい水を育み、その水がこの地で長期にわたって醸されてきた銘酒の源になっているのです。山を守り、水を育むことからの酒造り、なんとも壮大な事業です。

生酛造りや木桶仕込みにも取り組む

敷地内には元禄蔵・明治蔵・平成蔵と、建設された時代の異なる3つの蔵があります。こうした蔵の見学や利き酒ができるほか、川沿いの庭園や食事処で酒や料理を楽しめるのも特徴です。蔵元自慢の石清水で作る豆腐と湯葉料理が名物で、多摩川の清流を眺めながらの飲食は人気のようです。

中硬水の仕込み水から生まれる酒は、すっきりとした淡麗さの中に膨らみのあるコクを秘めた、奥の深い辛口酒。生酛造りや木桶仕込みなど昔ながらの製法にも取り組み、バラエティに富んだ商品展開をしています。

「澤乃井　生酛純米吟醸　東京蔵人」は、パリで開催された日本酒コンクール「Kura Master ２０１９」の純米酒部門において、金賞を受賞しました。口当たりはなめらかですが、生酛造り由来の綺麗な酸が力強さを感じさせ、フランス人に評価されたようです。

最近は輸出にも力を入れているようで、「澤乃井」はアメリカでもよく見かける銘柄です。

また、江戸時代の造りを再現した「澤乃井　元禄酒」は、90%精米の米を使った生酛造りの純米酒。甘み酸味のしっかりした味わいになっています。木桶仕込みの酒には「澤乃井　木桶仕込み　彩は（いろは）」があります。木桶に生酛で仕込んだ純米酒で、ほどよい酸味とコクが楽しめる酒です。お燗酒にしても旨いでしょう。

「澤乃井」の酒粕と奥多摩のワサビで作った『ワサビ漬け』や、吟醸の酒粕と手作り三年味噌の床に豆腐を漬け込んだ珍味『豆腐酪』は、酒のお供にお薦めです。

7 「開運」かいうん　土井酒造場　静岡県掛川市

吟醸王国静岡誕生の原動力に

「開運」は静岡県掛川市に風情ある蔵屋敷を構える土井酒造場の看板銘柄です。代々名主を務めた土井家は、1872年（明治5年）に酒造業を開業しました。「開運」の名は、当時寒村だった地元・小貫村の発展を願って付けられたと言われます。

静岡県は今では全国有数の名醸地として地酒ファンに知られています。その躍進に大きく貢献したのが静岡吟醸酵母であり、「開運」は静岡吟醸酵母を語るうえで欠かせない存在と言えるでしょう。

静岡県の地酒が全国から注目されるきっかけになったのは、1986年（昭和61年）の全国新酒鑑評会でした。これは1911年（明治44年）に始まり、現在も続いている日本酒の新酒のコンテストで、全国規模で行われています。この年、静岡県から21蔵が出品して17蔵が入賞、うち10蔵が金賞受賞という快挙を達成。その時代の鑑評会では金賞受賞数が100点ぐらいだったので、実に1割近くを静岡で占めたことになります。全国的に無名であった静岡県の地酒が、一躍注目を浴びるようになったのです。

その最大の理由は、新しく県で開発した静岡酵母を使ったからでした。土井酒造場は、この静岡吟醸酵母HD－1の実験酒蔵であり、開発段階からその発展に大きく貢献しました。現在の吟醸王国・静岡を誕生させる原動力となった蔵元なのです。ちなみにHは当時、土井酒造場で杜氏を務めていた波瀬正吉のH、Dは同蔵4代目蔵元・土井清幌《どいあきひろ》のDを意味しています。

「能登四天王」の筆頭・波瀬正吉杜氏

そのころ、金賞を取るには「YK35」が近道と言われていました。Yは酒米「山田錦」、Kは協会9号酵母、35は酒米の精米歩合が35％ということです。9号酵母は華やかな香りになる傾向があり、香りが強すぎて時には料理の邪魔をしたり、飲み飽きする要素にもなっていました。一方、HD－1は爽やかでフレッシュ感のある華やかさを生み出し、今では大吟醸酒に向いた酵母と認識されています。

現在は5代目蔵元・土井弥市氏が代表取締役、杜氏は榛葉《しんば》農《みのり》氏が務めています。榛葉氏は先代の波瀬杜氏のもとで若いときから訓練を受けてきた人物。波瀬杜氏の能登流の技をしっかりと受け継いでいます。

波瀬杜氏は、土井酒造場で41年間酒造りに励んだ名杜氏で、その実力から「能登四天王」の筆頭と称された人物です。農口尚彦研究所の農口尚彦杜氏、「満寿泉」の三盃幸一杜氏、「天狗舞」の中三郎杜氏とともに、能登流の酒を広く世に知らしめました。

能登流は石川県能登半島の先端に位置する珠洲市周辺が発祥地。このあたりは地形から耕作面積が狭く、農業の閑散期には出稼ぎに行くようになって、能登杜氏集団が形成されました。一般に力強く味の濃い酒質が特徴と言われています。

波瀬さんは能登町の生れで、1951年から酒造りの道を歩み始めます。1968年（昭和43年）には土井酒造場から杜氏として招かれ、夏は地元で葉たばこの栽培、冬は杜氏として活動する生活を続けました。「開運」を東京市場に進出させて同社の知名度を全国区に押し上げ、鑑評会では平成15年から21年まで7年連続で金賞受賞。しかし平成21年に現役のまま77歳で逝去され、8年目の金賞は幻となってしまいました。59年間の酒造り人生でした。

師亡き後も「伝　波瀬正吉」がシリーズの頂点に

1968年（昭和43年）には「開運　能登流　波瀬正吉」大吟醸酒が発売されています。これは土井蔵元の波瀬杜氏に対する信頼の深さを物語るものと言えます。自分の名前が冠された商品が出されることは、季節雇用の杜氏として大変な名誉であり、酵母にはかのＨＤ－１が使われました。この酒は蔵のフラッグシップとしてファンに愛され、バブル期の地酒を象徴する高級酒でした。

現在は師の薫陶を受けた弟子の榛葉杜氏によって「開運大吟醸　伝　波瀬正吉」に受け継がれ、シリーズの頂点に君臨。味わいは、旨みたっぷりの力強くキレのよい男酒といった印象です。

また２０１８年の「第10回雄町サミット」では「開運純米　雄町」が優等賞、「SAKE COMPETITION 2018」ではSILVER、フランスで開催の「Kura Master」では「開運特撰純米吟醸」がプラチナ賞と、「開運」は受賞ラッシュが続いています。

8　「磯自慢」いそじまん　磯自慢酒造　静岡県焼津市

海の幸によく合う「磯自慢」

磯自慢酒造は静岡県焼津市にあります。焼津と言えば思い浮かぶのは、日本有数のマグロの水揚げ量を誇る漁港。焼津さかなセンターに行けば、港町焼津を体感できます。ここは見て、買って、食べられる賑やかな市場。新鮮豊富な海の幸が盛りだくさんで、焼津のマグロやカツオをはじめカニ、シラス、桜エビなど季節の鮮魚が楽しめます。

そんな海の幸とともに味わいたいのが、焼津唯一の酒蔵・磯自慢酒造の酒。焼津港にほど近い地に、東に駿河湾と伊津半島、そして富士山を望み、北西には南アルプスを眺めて建っています。堂々たる蔵構えは、かつてこの一帯の土地を所有する大地主だったことを物語るかのようです。

創業は1830年（天保元年）。酒銘「磯自慢」は、焼津市の南に広がる広大な海にちなんで名付けられたと言われます。南アルプスを源とする大井川の伏流水を仕込み水に、海の男たちが好む飲み飽きしない辛口酒を造ってきました。

現在、米は特A地区に指定される兵庫県加東市東条町産の「山田錦」を主に使用しています。香りは果実のようで上品、味わいは爽やかな中に豊かで奥深く、後切れがいいのが特徴。確かに鮮魚と相性のいい酒質、寿司屋でよく見かける銘柄なのも納得です。

静岡酵母に固執して静岡の食に合う酒造り

香りが上品でフルーティーなのは、静岡県が開発した「静岡酵母」を使用しているから

蒸し米を麹室に引き込み麹菌を振りかける（写真は石本酒造）

のようです。この酵母を使った静岡型吟醸酒は、一般にフレッシュで飲み飽きしない酒、フルーティーな香りで雑味のない酒と言われ、過去の鑑評会で多くの静岡地酒を入賞に導き、一時期、吟醸王国の名をほしいままにしました。

磯自慢酒造では、香りの高い酒に流行が移った今も、そのころの造りを継承して食中酒としての位置を堅固しています。あまり香りが華やかだと、料理の邪魔をしたり、飲み飽きしてしまうからです。

静岡酵母の研究開発と、その醸造指導に尽力し、静岡県産酒の品質向上に大きな功績があった人物は、静岡県沼津工業技術支援センターの研究技監だった故・河村伝兵衛氏です。氏が目指したのは、淡麗で飲み飽きしない酒でした。海や山の幸に恵まれた静岡の食に合う飲み口を求め続けたのです。

酒を仕込む冬場になると、早朝から酒蔵にやってきて醸造談義。いったん職場で任務をこなすと、夕方には再び蔵で深夜まで醸造指導を続けたそうです。ある蔵では泊まり込みを続けて全工程を指導したとか。とにかく異常なほど酒造りに熱心だったと伝わります。

そんな河村氏に、一目置かれていたのが「磯自慢」を醸す多田信男杜氏。岩手県出身の南部杜氏で、１９９７年（平成９年）に磯自慢酒造の杜氏に着任しました。全国新酒鑑評会での入賞を始め多くのコンテストで受賞しています。多田杜氏は河村氏から洗米や麹造りの原料処理を学び、淡麗で飲み飽きしない酒を造り続けました。

醸造蔵にもこだわって品質管理

このように米にこだわり、酵母にこだわっていますが、酒造りに使う蔵にもこだわっています。磯自慢酒造は、醸造蔵の内部が一面ステンレス張りで、冷蔵庫のようになっていることで知られています。常に清潔な環境が保たれていなければ、目指す酒質は実現できないとして、設備投資されたもの。

ステンレスには冷却効果を高める働きがあるため、雑菌の増殖を防ぎ、蔵内の清潔が維持されます。焼津という土地柄、冷蔵・冷凍倉庫が建ち並んでいますが、その技術を応用したものだそうです。しかもラベル貼りをする出荷室まで冷蔵庫状態。造りから発送まで徹底した品質管理がなされているのです。

それでは数ある「磯自慢」シリーズの中から、多田杜氏の名が冠された一本を紹介します。

「磯自慢　多田信男　純米吟醸」は兵庫県特A地区東条産「山田錦」を使い、磯自慢流の麹造りと独自の酵母によって仕込まれたもの。上品な吟醸香、含めば鼻に抜けるまろやかでフルーティーな香りが素晴らしく、「磯自慢」の醍醐味が味わえます。

また「磯自慢　山田錦　純米大吟醸」は、濃密な白桃かメロン、洋梨のような香りと奥深い味わいの酒。後口のキレも潔く、究極の完成度と言えるでしょう。

9 「新政」あらまさ　新政酒造　秋田県秋田市

酵母でオリジナル性を追求

米と米麹と水で造られる日本酒が、リンゴやメロン、バナナなどの香りがするのは、酵母の働きによるものです。酵母の種類によって日本酒の香りや味わいは変化し、日本酒にアルコールを発生させるためにも酵母は酒造りに不可欠の要素となっています。

「日本醸造協会」では、特徴ある優秀な醪（もろみ）から分離したブランド名「きょうかい酵母」を頒布しています。種類はいろいろありますが、よく使われているのは落ち着いた香りを産み出す「7号」と、果実様の吟醸香を醸し出す「9号」です。

また独自性を出すために各県で開発された「長野アルプス酵母」や「群馬KAZE酵母」など、それに各蔵に自生している「蔵付き酵母」や、自社で独自に開発した「自社酵母」を使う蔵もあります。

現在頒布されている「きょうかい酵母」の中で一番古くからあるのは6号酵母です。1〜5号酵母は明治・大正期には存在したのですが、昭和初期には使われなくなりました。

「新政」の醪から分離された6号酵母

6号は1930年（昭和5年）に秋田市の「新政」の醪から分離されました。この蔵は、昭和2年、3年に全国新酒鑑評会（醸造試験場主催）で最上位グループに入賞し、また昭和3年、同5年、同7年と3回連続で全国清酒品評会（日本醸造協会主催、隔年開催）で優等賞を獲得するなど、この酵母の優秀さを立証したため、昭和10年より6号酵母として日本醸造協会から頒布されています。現在も使われている酵母としては最古のもので、90年もの長期にわたって優秀な性質を維持している稀有な酵母です。

10℃から12℃の低温でも強い発酵力を維持し、この酵母を用いた秋田流低温長期醗酵は、後の吟醸造りの原型となりました。酒の仕上がりは穏やかな香りで、淡麗にしてソフトな酒質となり、後述の7号酵母より酸は弱いが、味は深みが出るとされています。

「今では東北や信越が酒どころとして認識されていますが、実は6号酵母が登場してからのことなのです」と語るのは、新政酒造の8代目当主・佐藤祐輔氏。酒の本場と言えば灘・伏見・広島などの西日本で、雪深い東の寒冷地は発酵に適さないと思われていました。当時のこの常識を覆したのが6号酵母です。発酵力豊かなこの酵母の出現によって、東北の酒蔵にも全国レベルの酒が誕生しました。

市場を駆け抜ける革新的な酒

佐藤さんは東京大学で文学部英文学科に学び、作家を志してフリーのジャーナリストをしていました。仕事を通じて日本酒に開眼したのは30歳の時。この時に帰郷を決意し、酒類総合研究所での研修を経て2007年、父の経営する新政酒造に入社しました。

当時は、地元向け普通酒90％の地酒蔵だったそうですが、8代目は次々に革新的な日本酒を生み出して話題を集めました。通常は焼酎に使う白麹を使用して酸味豊かな味わいを実現した「亜麻猫（あまねこ）」、柑橘系のフレッシュな酸とガス感を伴う発泡純米酒の「天蛙（あまがえる）」、蜜の味わいがする貴醸酒の「陽乃鳥（ひのとり）」と、佐藤さんの繰り出すユニークな酒銘の酒は、彗星の如く市場を駆け抜けていきます。

さらに木桶で仕込まれるウッディなテイストの純米酒「やまユ」、そして6号酵母の特徴を伝えるべくラインナップされた生酒の「No.6（ナンバーシックス）」シリーズ。加熱殺菌しない生酒は、通常は寒冷期にのみ出荷されますが、このシリーズは通年市場に送り出されています。ここにも佐藤さんのチャレンジャー精神がのぞいています。

原点回帰で全量「純米」「生酛仕込み」に

「きょうかい酵母」は現在、19号まで存在しています。現役最古の6号は最新の酵母たちに比べると、地味な印象であることは否めません。クラシックな存在で、言うなれば個性に乏しいのです。

「だからこそ逆にトラディショナルに徹することにしたのです」と8代目は舵取りの手の内を明かします。祖先の功績をリスペクトして全ての酒を6号酵母で醸し、使用米は秋田県産のみ、そして江戸時代さながらに全量「純米」「生酛仕込み」にとシフト。さらに仕込みには木桶を使用しています。

「2014年から木桶を採用しています。江戸時代の記録に、新しい桶を使うと生酒でも日持ちがいいとあるんです」

ということで新しい木桶を毎年発注しているとのこと。戦国時代のサイズで10石1800リットルの木桶は、これからも年々増え続けていくのでしょう。

また農業生産法人「新政農産株式会社」を立ち上げ、無農薬の酒米栽培を始めるプランを立てています。自社での酒米作り、そのための水を守る山林管理も構想し、その過程で日本酒を仕込む杉桶製造をも視野に入れているようです。あるインタビューに答えて次のように語る佐藤蔵元の言葉が心に残ります。

「100年後も残っている酒は、単に美味しいだけではなく、美味しさを通じて、さまざまな社会問題にコミットしていけるものではないかと思っています」。

10 「真澄」ますみ　宮坂醸造　長野県諏訪市

「真澄」のふるさと信州諏訪

「真澄」を醸す宮坂醸造は、長野県諏訪市の甲州街道沿いに蔵を構えています。八ヶ岳・蓼科・霧ヶ峰の麓に広がる高原盆地にあって、信州一大きな湖「諏訪湖」湖畔の諏訪市は、豊かな水に恵まれ、古くから醸造業が盛んでした。甲州街道沿いにはわずか500mの間に、宮坂醸造を含めて5軒もの酒蔵が並んでいます。

「真澄」蔵元・宮坂家が酒造りを始めたのは1662年（寛文2年）、江戸初期・4代将軍家綱の時代でした。遠くは足利尊氏に仕え、その後諏訪氏の家臣となった宮坂家の先祖は、戦国時代を経た後、武士から高島藩の御用酒屋に転じました。「真澄」は江戸後期から使い始めたブランド名で、諏訪大社のご宝物「真澄の鏡」から酒銘をいただいたそうです。

醸造協会7号酵母発祥の蔵に

宮坂醸造の酒造りが大きく変わるのは、同蔵沿革史によれば大正時代の末期。20代目蔵元・宮坂勝氏の時代です。後に名杜氏の名をほしいままにする窪田千里氏を杜氏に抜擢し、品質に徹底的にこだわる酒造りを始めました。

味や香りが個性的で、一口含んで「これは面白いね~」と言わせるような酒を造るのは簡単。お客さんの意識から酒が消え、ふと気付くと徳利がごろごろ倒れている。そんな「真澄」を造れというのが20代目の口癖だったそうです。

その結果、全国品評会で賞を何度も獲得するようになり、なぜ「真澄」は美味しい酒を造れるのかと醸造試験場が調査に来て、その時に発酵中の醪から発見されたのが「7号酵母」でした。

美酒を生み出す力を持った酵母はごく僅かで、酒造りが自然まかせに近かった明治時代までは失敗がつきものでした。そこで国税庁醸造試験所は、優良酵母を捜し出して酒蔵へ頒布する事業を開始。この「醸造協会酵母」によって、日本酒の品質は飛躍的に向上したのです。

大人びた酒を醸し出す7号酵母

宮坂醸造のホームページには、こう記されています。

「醸造協会酵母7号」と命名された真澄酵母は、またたく間に全国の酒蔵へ普及しました。7号酵母はもともと「真澄」の酒蔵に棲み着いていた「蔵付き酵母」です。発見当初の7号酵母は華やかな吟醸香を醸し出す酵母でしたが、長い間に少しずつ性格が変化し、現在では「落ち着いた香りとバランスのとれた味わい」の大人びた酒を醸し出す酵母となっています。

また、この酵母は発酵力が強いので、普通酒醸造用として広く使用され、発見から70年以上経た今でも全国の多くの酒蔵で活躍しています。7号酵母が造り出すのは、晴れやかな特別な日のためではなく、毎日を彩るために満足いく酒。男性にも女性にも飽きることなく愛されるボーダーラインのない酒として、時代も文化も国境も超え食卓で人々を繋げてくれそうな気がします。

海外でも人気の7号酵母の酒

全国品評会での好成績や7号酵母の発見により、全国からの需要に応じきれなくなった宮坂醸造では、1982年（昭和57年）、八ヶ岳の雄大な姿を眼前にする高台に富士見蔵を建設します。ここは「真澄」の酒造りを長年担ってきた諏訪杜氏のふるさと。手つかずの自然を残す入笠山《にゅうかさやま》からの伏流水を仕込み水に、諏訪杜氏の伝統の技を引き継いで酒造りを行っています。

それでは7号酵母の酒を1本紹介しましょう。「真澄　純米大吟醸七號」は長野県産「美山錦」を原料に山廃造りで醸されたもの。自然で穏やかな芳香とバランスのとれた味わいが特徴です。

海外でも人気が高く、約半分が輸出用だとか。和食だけでなく、フランス料理やスペイン料理のレストランでもメニューに加えられ、フランスの日本酒コンクールKura Master 2018では金賞を受賞しています。

11 「天吹」あまぶき　天吹酒造　佐賀県みやき町

東京農大花酵母研究会

これまで述べてきたように、酵母には「きょうかい酵母」をはじめ、独自性を求めた様々なタイプがあります。そんな数ある酵母の中に、自然界に咲く花から分離した「花酵母」があります。東京農業大学短期大学部醸造学科酒類学研究室の中田久保教授が、長年の研究の結果、自然界から新しい清酒酵母を分離する方法を確立したものです。

２００３年（平成15年）中田先生に師事していた卒業生蔵元を中心に、「東京農大花酵母研究会」が結成されました。これらの蔵元はナデシコ、ツルバラ、シャクナゲなど、現在十数種類が実用化さている花酵母を使い、個性豊かな日本酒造りに励んでいます。

「花酵母」というと花の香りがあるかのように思えますが、けっしてそうではありません。この酵母の特徴は、日本酒の香りや味の個性をより増幅促進する力を持っていることと言われます。

登録有形文化財の土蔵で仕込む「花酵母」の酒

現在、「東京農大花酵母研究会」の会長を務めるのは、「天吹」の醸造元・天吹酒造の木下大輔杜氏です。佐賀県西部のみやき町にある天吹酒造は、元禄年間（１６８８年－１７０４年）の創業。悠然と流れる筑後川流域にあり、古くから米作り・酒造りの盛んな地域でした。現蔵元は11代目の木下壮太郎氏、弟の大輔さんが杜氏の任に当たっています。

蔵の広大な敷地、長いスロープの奥にたたずむ母屋は、国の登録有形文化財。ステンドグラスのはめ込まれた引き戸の奥は昔ながらの土間で、創業以来の時が漂うかのようです。裏手にはイギリス積み赤煉瓦の煙突がそびえ、蔵人の賄い用台所の煙突だったと言います。かつては長崎県生月島から杜氏集団を迎えていたという天吹酒造。引き戸に絵ガラスがはめ込まれているのは、そんな繋がりがあるのでしょうか。

中庭を挟んで建つ仕込み蔵も登録有形文化財。築100年の2階建て土蔵で、外壁に風神の鏝絵が施され、「風神蔵」と呼ばれています。現在も仕込みはここで行われ、ズラリと並ぶ小仕込みタンクは全て花酵母で仕込まれているのです。

「花酵母」を巧みに使う木下兄弟

木下兄弟が「花酵母」と出合ったのは1999年（平成11年）のこと。恩師に試飲を薦められた「ナデシコ酵母」で醸された酒は、香りが華やかで衝撃的だったそうです。当時20代だった二人は、同じ世代に日本酒の素晴らしさをアピールするには、花酵母しかないと決断。

そのころの天吹酒造は地元主体の普通酒のみで、全国的には無名に等しく、首都圏進出を模索している時でした。花酵母を使えば差別化が図れると、二人は商品開発を始めます。しかし花酵母での醸造は前例がなく、温度管理などに苦労。試行錯誤の末、3年目に

「ナデシコ酵母」を使った純米吟醸をリリースしました。

海外のコンテストでも高評価

その後もフルーティーでキレのある「アベリア酵母」や、上品な香りとしっかりとした味わいでお燗酒に向く「マリーゴールド酵母」などに次々に挑戦。２０１８年の全国新酒鑑評会では「花酵母」を用いた出品酒で入賞したのをはじめ、全米日本酒鑑評会、インターナショナル・ワイン・チャレンジ、Kura Masterなど海外のコンテストでも輝かしい成績を残していきます。

花酵母は、華やかな香りのものから力強く味わい深いものまで、多種多様な顔を持っていて、それぞれ香りや味わいにはっきりとした違いがあります。いまや「天吹」はこれらの「花酵母」を巧みに使い、バラエティ豊かなラインナップを展開。国内外に知られる銘柄になりました。

輸出先で人気があるのは「イチゴ酵母」を使った商品。イチゴの花から分離培養された酵母で、「天吹　純米吟醸　いちご酵母」は軽やかな飲み口、コクのあるふくらみ、きれいな酸とジューシーな甘み。爽やかで軽快に飲める酒で、「天吹」を代表する一本になっています。

その2
杜氏の技術、手間をかけた仕込

12 「出羽桜」でわざくら　出羽桜酒造　山形県天童市

吟醸を世界の言葉に

サクランボと将棋の駒で知られる山形県天童市。出羽桜酒造の本社蔵は山形県でも有数の米どころ天童にあります。創業は１８９２年（明治25年）、淡麗にして香り高い酒造りを得意としてきました。また早くから吟醸酒造りに取り組み、その普及に貢献した功績は大きいと言えるでしょう。インターナショナル・ワイン・チャレンジ（ＩＷＣ）では、その年の日本酒の頂点ともいうべきチャンピオン・サケに２度輝いた唯一の蔵（２０１９年時点）でもあります。

出羽桜酒造の看板商品「桜花吟醸酒」が世に出たのは、１９８０年（昭和55年）のことでした。吟醸酒という名称はまだ一般に知られていない時代で、主に品評会に出品するための酒でした。しかし、この酒は華やかな香りとふくよかな味わいでたちまち消費者を魅了し、やがて訪れる吟醸酒ブームの先駆けとなりました。

一級酒より安い吟醸酒

それでは吟醸酒とはどんな酒なのか。簡単に言えば、よく磨いた米を10℃前後の低温で1ヶ月近い時間をかけ発酵させた酒のこと。この製法を「長期低温発酵」と言い、吟醸造りのポイントになっています。良く磨いた米とは、精米歩合60％以下であること。つまり米の表面を40％以上削ることが条件となります。米の表面近くは雑味になりやすい成分でできているため、削れば削るほどクリアな酒になるというわけです。ちなみに大吟醸酒は表面を50％以上削った酒が名乗ることを許されています。米を半分以上も削ってしまう贅沢な酒なのです。

このように吟醸造りには手間と時間とお金がかかっています。吟醸酒には高級なイメージが付いて回るわけですが、出羽桜では一般の消費者に気軽に手の届く吟醸酒を目指してきました。なにしろ「桜花吟醸酒」は発売当初、『一級酒より安い吟醸酒』がキャッチフレーズだったのですから。１９９２年（平成４年）まで日本酒には等級別制度があり、酒税法で「特級」「１級」「２級」のランク付けがされ、ランクに応じて課税されていました。

こうした価格で出しているのに、造りはオートメーションに頼らない手造りだというふれこみ。いったいどのように造っているのか気になり、天童に蔵を訪ねることにしました。

昔ながらの手作業

現在、4代目として蔵を仕切っているのは仲野益美社長です。女性の名前かと錯覚しそうですが、実は先代が長野県の「真澄」に心酔して名付けたそうで、業界では有名な話です。

仲野社長の案内で釜場に行くと、ちょうど米が蒸し上がったところでした。和釜に甑(こしき)を使っていて、蒸し上がった米はスコップで手掘り。そしてなんと木桶に入れて担いで放冷機に運んでいくではありませんか。これだけの規模なのに、昔ながらの手作業が目の前で繰り広げられているのは意外でした。仲野家には蔵元は自ら酒を造れ、という家訓があって、仲野社長も製造に携わっているとか。それだけに造り手目線での説明は貴重です。

「造り手がどれだけ米や麹に接するかが大切、だからうちでは運搬も手作業なんです」と仲野さん。仕込み室にも大きなタンクはなく、人の手で櫂入れができる大きさにしているということでした。確かにここには機械らしい機械はなく、人の手が主役。手間のかかる吟醸造りで、しかも少なくない出荷量に対応しているのは、造り手の技術力を物語っています。そう言えば出羽桜の子弟教育には定評があり、全国の酒蔵から後継者を研修生として受け入れて、育てています。杜氏制度が失われつつある昨今、手造りの技を伝承していく意味でも業界にとって意義あることではないでしょうか。若き日に出羽桜で手造りを経験し修業した蔵元が、また各地にその技を伝えていく。希望の火が繋がるようで嬉しくなりました。

「天空蔵」に「酒眠蔵」

次に精米所がある「天空蔵」に案内されました。ここは醸造蔵と打って変わって近代的な建物。全容を見上げれば天空を仰ぐ格好になるので、「天空蔵」と呼ぶのだろうか。1998年に完成したもので、精米所ほか大型冷蔵庫と倉庫からなっています。

出羽桜では使用米の全量を自社精米しているそうで、しかも精米前の米選別から手がけている希有な蔵です。米が割れないようにゆっくりと丁寧に磨くため、半分の重さ（精米歩合50％）まで磨くのに約50時間、精米歩合35％まで磨くには約100時間を要するそうです。出羽桜の酒造りの基本のひとつは「米」にあると言われる所以です。

また、低温貯蔵能力もこの蔵の自慢。天空蔵で出荷前の生酒を冷蔵保存するほか、第1・第2酒眠蔵ではそれぞれ温度を変えて貯蔵を行っています。吟醸酒だけでなく、生酒や長期熟成酒、氷温熟成酒、古酒、そしており酒、発泡性清酒、低アルコール清酒と多彩に商品展開できるのも、こうした施設・設備が整っているからと言えます。

それにしても「天空蔵」といい「酒眠蔵」といい、なんともロマンを感じさせるネーミングではありませんか。仲野社長の日本酒への深い愛情を感じるのは私だけではないはず。なお、天空蔵屋上には800枚を超えるソーラーパネルを設置し、太陽光発電を行っています。

出羽桜美術館

最後に敷地内にある出羽桜美術館に案内していただきました。先代の仲野清次郎氏が収集した工芸品が展示されています。建物は清次郎氏の住宅だったそうで、明治時代の日本家屋の情緒あるたたずまいに癒されます。国の登録有形文化財になっていて、母屋と座敷蔵を展示室として公開。朝鮮半島の美術工芸品、中でも李朝の陶磁器が核となっているとのことです。青磁や白磁の膨大なコレクションは圧巻。壺や酒器も興味深く見せてもらいました。

また、道を挟んだ向かいには分館の「斎藤真一心の美術館」があります。さすらいの画家と言われた斎藤真一の作品を集めていて、盲目の女性旅芸人「瞽女《ごぜ》」を描いた一連の絵が深く心に刺さります。

美術館は地元に何か還元したいという思いから造ったと仲野社長。地酒は地元に愛されて飲まれることが基本、との蔵元の理念をあらためて知った気がしました。高品質と手に取りやすい価格の追求、そして全国からの酒蔵後継者育成という懐の深さ。輸出を通して山形をボルドーやブルゴーニュにしたいという夢。世界から日本酒を求めて山形にやってくる人たちの酒蔵ツーリズム。これらも底辺には地元への還元があることを感じました。

13「獺祭」だっさい　旭酒造　山口県岩国市

山口の山奥から世界へ

「山口の山奥の小さな酒蔵」と自らの蔵にキャッチフレーズを付けている旭酒造。ここで造られているのが、獺《かわうそ》に祭りと書いて「だっさい」と読む「獺祭」という酒です。今や日本酒に関心のない人でも「獺祭」の名は知っているのではないでしょうか。それほどいろいろな話題を提供してきた酒蔵です。

獺祭の磨いた米

海外での知名度も高く、世界最大規模のワイン品評会「インターナショナル・ワイン・チャレンジ」のSAKE部門では2019年、「獺祭　純米大吟醸　磨き二割三分」と「獺祭　純米大吟醸　遠心分離　磨き二割三分」の2銘柄が純米大吟醸の部で金賞を受賞。2017年から開催されているフランスの日本酒コンクール「Kura Master」では2019年、「獺祭　純米大吟醸　遠心分離　磨き二割三分」が純米大吟醸部門で金賞を受賞しました。これはフランス人によるフランス人のための日本酒品評会で、審査員はソムリエやレストラン、ホテル関係者など、飲食業界で活躍するプロで構成されています。

磨き二割三分への挑戦

ここに登場する酒銘だけでも、業界の注目を浴びるキーワードがいくつもあります。純米大吟醸、磨き二割三分、遠心分離がそれ。

まず、現在の旭酒造では純米大吟醸だけしか造っていません。純米大吟醸は日本酒の中で最も贅沢な造りに分類されています。

そして、米を磨く割合ですが極限にも近い二割三分。つまり米粒の中心部23％だけを使う原価率の非常に高い酒だということを意味しています。通常、50％の精米率で大吟醸を名乗ることができるが、より清廉な味を求め、最大で23％まで磨き抜いているのです。

さらに搾りに遠心分離機が使われていること。これは非常に高額な機械であり、導入されている酒蔵は多くはありません。旭酒造は商業ベースで遠心分離機を使ったパイオニアと言われています。メリットは圧力ではなく遠心力で搾るため酒への過度な負担が少なく、綺麗な酒になる。ステンレス製なので酒袋などの匂いが付かない。密閉空間で搾るため、香りが飛ぶことなく酒の中によく残るなど。

ほかにもパストライザーやパストクーラーなど、高額な設備が投入されているのです。これは冷たいまま瓶詰めしてパストライザーで65℃まで昇温、打栓してパストクーラーを通し20℃に急冷する瓶詰めラインです。

近代設備と手作業

私は2019年の秋、山口県岩国市の郊外、草深い山あいにある蔵にお邪魔する機会を得ました。そして桜井博志会長と4代目蔵元に就任した桜井一宏氏に迎えられ、3万石をはるかに超える製造量と従業員約120人による酒造りの現状を目の当たりにしました。

酒は通常「寒造り」といって冬の期間に行われていますが、ここでは一年を通じての「四季醸造」が採用されて夏でも純米大吟醸を造り、フレッシュローテーションでお客様に提供。12階建ての建物の外観から近代設備は想定できましたが、内部も整然として近代的なハード空間となっています。

しかし、作業はほぼ手作業。洗米もほとんどが手洗いのようです。並んでいるタンクが小型なのも意外でした。設備の機械化と手造りのバランスについて尋ねると、桜井蔵元は答えました。

「本当は100%機械で造ってもいいと思っている。いい酒ができれば、機械でも手造りでもいい。現状は蔵が大きくなった今も、かなり手作業が多い。毎年試行錯誤し、米のコンディションに合わせて造り方を変えているので、昨年機械でやった部分も今年は手作業、ということもある。蔵を大きくした当初は、エアーシューターで蒸しあがった米を移動していたが、米の水分調整がうまくできず、今は手で運んでいる。酒質に影響が出ない部分はどんどん機械を入れて効率アップしたい」

社員だけの酒造り

また従業員がとにかく若いという印象です。製造担当者はほとんどが20代と見受けられました。酒造りを指揮する杜氏は置かず、社員だけで酒造りという体制も有名です。その経緯について会長が説明してくれました。

「杜氏制度を廃止しようと思ったわけではありません。実は1999年頃にビールのビジネスに失敗して、杜氏が会社を去ったのです。仕方なく私が自ら酒造りを始めただけ。残ってくれた社員は4人だけで、平均年齢25歳。とても若くて不安だったが、なんとかなりました」。杜氏の経験を徹底的に数値化してデータにすることで、杜氏なしでの酒造りを実現したと語ります。

旭酒造の創業は明和7年（1770年）と伝わります。桜井博志会長の祖父が旭酒造の営業権を入手して、明治25年（1892年）に会社が設立されました。会長が3代目を継いだ頃には経営状態がよくなくて、廃業寸前だったとか。そこで考えたのが首都圏をターゲットにした高級酒の開発でした。会長は続けます。

「獺祭は1990年に誕生しました。それまで造っていた旭富士のPBとして特約店にのみ販売していた。徐々に獺祭のほうが売れるようになり、２０００年から普通酒の製造はストップ。２００４年頃から純米大吟醸のみの生産になったのです」

ブランディングの勝利

ここから旭酒造のネームバリューは上がっていきます。「獺祭」という一風変わった名前で、高級酒「純米大吟醸」しか造らない、酒米の最高峰「山田錦」しか使わないというブランディングの勝利でした。

「米は雄町や日本晴などいろいろ使ったけれど、山田錦を使った獺祭が一番美味しくできたのです。効率を考えるといろいろ使うより、一番得意な山田錦に絞った方がいいと考え、現在は山田錦のみを使っています」

使用米の50％が兵庫県産の「山田錦」だそうで、農家が安心して良い米を作れるようにできるだけ高値で買い取っていると言います。「山田錦」は兵庫県が本場で最高級にランクされる米は「特A地区」で生産されていますが、獺祭にとっては最良の「山田錦」を確保することが最大の課題。そのために生産農家のモチベーションが上がるよう配慮しているのです。

たとえば全国の「山田錦」の頂点を決めるコンテストを開催し、1位は1俵50万円で買い取るプロジェクトを公表。最高を超える「山田錦」を作る挑戦を通じて、日本の農業にもう一度元気になってもらい、若い人たちが入ってくる魅力ある業界になってほしいのだと、蔵元は語りました。酒造りは農業の一環、との思いなのでしょう。

ミッドタウンでの出合い

私と「獺祭」の出合いは2005年頃だと記憶しています。私が経営するNYのミッドタウンにある日本酒のレストランバー「酒蔵」に、当時常務だった桜井一宏氏が営業に見えました。見本酒を詰めた重いカートを引いてやってきて、熱心にアピールする姿に好印象を抱き、私はニューヨーカーを集めて「獺祭ナイト」を開いたのです。この未知なる酒は、果実を思わせる華やかな香りと、スッキリしていながら深みのある味わいで、すぐに彼らを虜にしました。その反応を見て私と「獺祭」とのお付き合いが始まったのでした。

ミッドタウンにあるこの店は、ビルの地下に所在し、ロケーションに恵まれていると言えません。しかし冷蔵のセラーを備え、カウンターにも独自に設計した冷蔵設備を持って、日本からのお酒を蔵出しの状態で提供することを心掛けていたため、当時からリピーターが新たなお客を誘って日本酒ファンで賑わいました。日刊紙『ニューヨーク・タイムズ』に「隠れた宝石」と紹介されたこともあります。

こうしてＮＹから火が付いた「獺祭」人気は西海岸へと広がり、香港や台湾を経てヨーロッパにも上陸しました。フランスではパリにフレンチの巨匠ジョエル・ロブションと一緒に店を開いています。１階は獺祭や酒粕を使ったスイーツのパティスリー、２階は獺祭が楽しめるバーとティーサロン、３階がレストランで獺祭とロブション氏監修の料理とのマリアージュが楽しめるようになっています。

ＮＹに酒蔵を建設

かくして「獺祭」の海外輸出は全体の25％を占めるに至りました。

最新の話題はＮＹに酒蔵を建設中で、２０２１年には稼動を予定していること。マンハッタン中心部より約１５０㎞、ハドソン川流域に位置する蔵は、世界的に有名な料理学校ＣＩＡ（カリナリー・インスティテュート・オブ・アメリカ）との提携で運営されるもの。国内同様に純米大吟醸に特化し、「獺祭」とは別ブランドになるということです。ＣＩＡでは「世界中から生徒が集まる本校でも日本酒の注目度は高い。提携を機に伝統的な日本料理だけでなく、日本酒の新たな発信拠点にしていきたい」と話しています。また、蔵が稼動したら桜井会長以下数名が移住するとのこと。「ＮＹでの酒蔵建設は旭酒造の新たなスタートになります。ＮＹを世界へ向けた新たな日本酒文化の発信拠点にしていきたい」と語る会長に、私はＮＹ市民として感謝と頼もしさを感じたのでした。

14　「玉川」たまがわ　木下酒造　京都府京丹後市

「自然仕込」で一躍銘醸蔵に

「玉川」の醸造元・木下酒造は、京都府の丹後半島久美浜にある創業１８４２年（天保13年）の酒蔵です。日本海に臨んだ久美浜は漁業が盛んな土地柄のため、海産物によく合う辛口の食中酒を主体に造っていました。

地元中心の地酒蔵から一躍、完売続出の銘醸蔵になったのは、イギリス生れのフィリップ・ハーパーさんを杜氏に迎えてから。２００７年（平成19年）、木下酒造を支えてきたベテラン杜氏が亡くなり、11代目蔵元の木下善人氏は廃業を考えていたそうです。その時に出会ったのがハーパーさん。酒造りへの熱い思いを抱くハーパーさんに社運を賭けようと決断し、一切の酒造りを任せます。

こうしてハーパー杜氏は「玉川」を全国市場に送り出すために、ハイレベルな酒造りを展開。「自然仕込」と称する生酛系の造りと、常識にとらわれない自由な発想で次々にヒット商品を生み出しました。「Ice Breaker」や「Time Machine」といったおよそ日本酒らしからぬ酒銘の酒は、今やハーパーさんの代名詞となっています。

英語教師として来日したハーパー杜氏

ハーパーさんは名門オックスフォード大学を卒業後、日本の英語教師派遣プログラムで来日。中学校の教師として大阪にやってきました。その時に居酒屋で美味しい日本酒と出合い、魅力に取り憑かれます。米の酒から果物の香り……。初めて飲んだ吟醸酒は英国からやってきた青年を虜にしたのでした。

任期が終わった後も日本に残り、蔵人として酒造りの世界に飛び込みました。やがて、南部杜氏の資格を取得し、奈良の「梅の宿」を醸す梅乃宿酒造、大阪の「DAIMON」「利休梅」の大門酒造、茨城の「郷乃誉」醸造元である須藤本家など名だたる蔵を経て、日本酒史で初となる外国出身の杜氏として木下酒造に着任しました。

湧き出るアイデアで次々に新商品を生み出し、アイテムが増えすぎて蔵の皆からアイデア禁止令が出されるほどの活躍ぶり。

ハーパーさんの酒に共通しているのは味が濃いこと、旨み成分が多いことが一番の特徴です。なぜなら純米酒のレギュラーは1年半、ビンテージは3～4年寝かせているから。寝かせるとまろやかになり、アミノ酸成分が結合してさらに旨みが増し、色も濃くなっていきます。炭素濾過されて透明な酒が主流だった中で、最初は返品の嵐だったそうですが、飲むとその魅力に取り憑かれコアなファンが増えていきました。

自然に醸し上がるのを待つ自然仕込

ハーパー杜氏の最も大きな酒造りの特徴は、「自然仕込」です。明治以前に行われていた酵母無添加の造り方で、「蔵に棲み着いた微生物によって自然に醸し上がるのを待つ」醸造法と、杜氏は説明しています。

通常、酒造りの工程では、アルコール発酵を速めるため醸造用乳酸を投入しますが、人為的に醸造用乳酸や酵母を添加せず、自然界に存在する微生物を利用して造るスタイル。現代的には生酛造りや山廃造りと呼ばれるものです。

醸造プロセスでは安定性や安全性の面でリスキーですが、木下酒造では実に約半数がこの「自然仕込」を採用して造られています。自然淘汰に勝ち抜いたタフな酵母菌によって発酵させた酒は、アミノ酸が豊富で、コシがあってどっしりとした飲み口に仕上がると言われています。

味の軸は「旨み」です。飲み応えのある酒が多いため、例えばバーのように酒だけを楽しむシチュエーションで喜ばれています。その一方で、幅広いタイプの料理と相性がよく、居酒屋やレストランで食中酒としても楽しめる酒です。

それでは「玉川」の代表的な商品を紹介します。

●「玉川 自然仕込 純米酒（山廃）無濾過生原酒」

「自然仕込」シリーズの第1号で「玉川」の定番商品。兵庫県産「北錦」で仕込んでいます。とにかく強いコクが第一印象。スペックは辛口ですが、味の輪郭に円みがあり、米の旨みもたっぷりで、それほど辛口には感じません。

●「玉川 自然仕込 純米大吟醸 玉龍」（山廃）

酵母無添加の純米大吟醸という珍しい存在。これまでのガツン系から一転して、甘くてまろやかでかすかな吟醸香に包まれたその奥に、やっぱりチラ見えする骨太感。コクと華やかさが絶妙なバランスをとっています。

●「玉川 Time Machine 1712」

勉強熱心なハーパーさんが、江戸時代の書物を参考にして、当時の造りを再現した貴重な酒。１７１２年に書かれた参考文献「和漢三才図絵」によると、当時はこれを水で割って飲んでいたとか。とにかく甘口。強い酸とアミノ酸のコシをしっかり感じます。３００

年前の人はこれを飲んでいたのかと思うと感慨深く、まるでタイムスリップしたような衝撃を受ける酒です。これをアイスクリームとともに味わうのが人気。

15　「末廣」すえひろ　末廣酒造　福島県会津若松市

会津藩幕末の動乱期に創業

四方を山々に囲まれた会津盆地は、奥会津や尾瀬の豪雪地帯を水源にする多くの河川が流れ込み、豊富な地下水を蓄える地。良質な水が湧き出し、良質な米を産出しています。さらに盆地特有の内陸性気候は、鮮やかな四季の変化と積雪の多い厳しい冬をもたらし、酒造りに理想の風土となっています。

古くは豊臣秀吉の命で会津に入った蒲生氏郷《がもううじさと》が酒造りを奨励、江戸時代には時の会津藩家老・田中玄宰《たなかはるなか》らによって富国策として藩営の酒造りが行われました。こうした背景もあって会津は酒どころとして全国にその名を馳せるようになったのです。現在、会津酒造組合には12の酒蔵が加盟しています。

生酛造りならではの「酛摺り」または「山卸し」の工程。蒸し米と米麹と水を混ぜ合わせて擂りつぶす（写真は藤井酒造）

末廣酒造は１８５０年（嘉永３年）創業以来、会津の水、会津の米、そして会津の人々で造りあげる地酒にこだわってきました。会津藩初代藩主・保科正之の家臣として家を興し、御用酒蔵となっていた新城家から、初代の新城猪之吉が分家して独立。幕末の動乱期真っ只中にスタートをきったと記録されています。

山廃仕込み発祥の蔵

創業からの精神は「伝承と進化」。山廃や生酛といった伝統的な製法・商品を中心に、微発泡酒など新しいジャンルにも取り組み、輸出拡大にも精力的です。

しかし「末廣」を語る上で欠かせないのは、なんと言っても「山廃造り」発祥の蔵であることです。大正時代の初め、４代目蔵元は「山廃学説」を唱えていた大蔵省醸造試験技師の嘉儀金一郎を蔵に招き入れ、3年間にわたって山廃仕込みによる試験醸造を行いました。

山廃仕込みは、生酛系の酒母の造り方のひとつ。生酛造りは昔から行われている手法で、自然界にいる天然の乳酸菌を取り込んで酒母を造ります。その工程の中に、桶に蒸米・麹・水を仕込み、櫂を使って摺り潰していく「山卸（やまおろし）」という作業がありますが、この重労働で手間ひまがかかる工程を廃したのが「山廃」。米麹の酵素力を利用して米を溶かす方法、山卸を廃止した手法です。酛摺りの手間が省けるうえ、生酛系酒母の良さである酸とボディのある酒母に仕上げられると説明されています。

「末廣　伝承山廃純米酒」はコクが魅力

この山廃仕込みが試行錯誤の末に完成されたのが、末廣酒造の「嘉永蔵」でした。末廣酒造では、以来約100年にわたり嘉儀金一郎の「山廃」の手法を伝承し、「嘉儀式」として今に伝えています。

「末廣　伝承山廃純米酒」は山廃仕込みの祖・嘉儀金一郎が「末廣」に伝授した技を、代々伝承した山廃純米酒。飲み口は角のない柔らかな口当たりで、なめらかに口中を流れるコクが心地いい酒です。甘味と酸味のバランスがよく、かすかに感じる苦みが食欲を誘います。冷酒でも燗酒でも美味しく飲めるタイプ。ぬる燗にして、酸味のあるトマトベースの料理や、チーズのクリーミーさが感じられる料理に合わせて提供したら、外国人にも喜ばれると思う酒です。

「嘉永蔵」に見る日本の美

末廣酒造の製造は郊外に新設された「博士蔵」主体で行われていますが、会津若松市街地には創業時からの「嘉永蔵」が残され、手造りによる酒が造られています。ここは日経新聞ＮＩＫＫＥＩプラス１「訪ねて楽しい日本酒の蔵元　全国ランキング」の１位に輝いたほど、一般にも人気の高い蔵。まずそのたたずまいの美しさに圧倒されます。創業時の面影を偲ばせる木造３階立ての建屋、それと対照的な２棟の白壁土蔵造りの建物が、通りに面して建っています。これらの一部は現在、国の登録有形文化財となっています。

木戸をくぐって中に入ると、堂々とした吹き抜けのホール。日本建築の見事さを目の当たりにできる空間です。「嘉永蔵」では昔ながらの酒造りを見学できるほか、コンサートや展示会など文化活動の場としても活用されており、会津の観光拠点。クラシックな空間で、仕込み水で淹れたコーヒーが楽しめるカフェなどもあり、人気を集めています。

また、明治には杜氏を招いての酒造りを福島県で初めて実現したのも、この蔵の先進性を物語るひとつ。現代の名工・佐藤寿一杜氏のもと、「酒造りは米作りから」と会津地方の農家と契約栽培された、一部有機栽培米を含む米を使用して、酒造りが行われています。

16 「大七」だいしち　大七酒造　福島県二本松市

生酛と言えば「大七」との評価

大七酒造の当主は10代目の太田英晴氏。柔和な面差しに口ひげをたくわえ、穏やかな口調で話される雰囲気から「殿下」というニックネームを持っています。伝承によれば、清和源氏に連なるというお家柄。創業は1752年（宝暦2年）と伝わります。3代目以降は「七右衛門」を襲名、初期の酒銘「大山」が後に七右衛門にちなむ「大七」と改称されました。

そして今、生酛と言えば「大七」、「大七」と言えば生酛。こう言い切っても誰も異論がないでしょう。それほどに生酛一筋を貫いている酒蔵です。正統的醸造法「生酛造り」の担い手としての矜持を太田氏からは感じます。

それでは「生酛」とはなんぞやという話から始めましょう。

「酛」は酵母の集まりで酒母とも言い、糖分をアルコールに換えるもの。デンプンの塊である米を麹によって糖に換え、その糖を「酛」によってアルコールに変換するわけです。「酛」は米と米麹と水で作りますが、雑菌に弱いため乳酸菌を利用して雑菌から守ります。現在、ほとんどの酒が人工的に培養した乳酸菌添加によって造られています。「生酛」はこの乳酸菌を添加せず、空気中から取り込んで利用する方法。米と米麹、水を浅い桶に入れて櫂棒を使い、摺り下ろすようにして空気中の乳酸菌を取り込む作業を、「酛摺り」とか「山卸し」と呼びます。昔ながらのとても手間暇のかかる作業です。こうした手間暇を省くために考案されたのが、山卸しを廃止した「山廃」仕込み、そして人工乳酸菌を添加する「速醸酛」仕込みです。

「生酛」の酒の特徴

次に「生酛」の酒と「速醸酛」の酒はどんな違いがあるのか。一般には「生酛」の酒は、ヨーグルトのようなまろみのある酸味と旨みたっぷりの深みのあるボディを持ち、飲み応えがあると言われています。「大七」ブランドが海外で人気を得ているのは、こうした酒質が肉やチーズを使った料理にもよく合うからでしょう。

パリの名門料理学校「ル・コルドン・ブルー」のエグゼクティブシェフであるエリック・ブリファー氏は、生酛製法が生み出す強さと柔らかさ、香りの多彩さ、風味の深み、長い余韻は本当に素晴らしいと、評価しています。またパリの伝統的ホテル「オテル・ド・クリヨン」のメインダイニングと言えば、ラグジュアリーなミシュラン星付きレストランとして知られていますが、ここには常時「大七」が置かれているようです。

生酛造りは300年余り前の江戸時代元禄年間に始まる醸造法。複雑な微生物の移り変わりをコントロールする技術や、多くの労力と長い時間を要する製法です。そのため、明治末に発明された山廃酛や速醸酛の簡略化された製法に取って代わられ、ほとんどの蔵から消えていきました。最近、生酛の良さが見直されて一部に採用する蔵もありますが、大七酒造のように創業以来生酛一筋という蔵は希少です。

洋館3階建ての新しい蔵

このように、蔵に棲み着いた酵母や微生物を主役とする生酛造りの「大七」に、煉瓦色でシャトーのような洋館3階建ての新しい蔵ができたと聞いて、訪れてみたくなりました。そのような洋館で昔ながらの造りができるのだろうかと思ったからです。

酒米を蒸すために使い継がれてきた風格ある和釜

太田氏はいつものようににこやかな笑顔で出迎えて、自ら蔵を案内してくれました。入り口には酒造りの光景を刻んだステンドグラス。教会堂のように蔵は神聖な場所ということを暗示しているかのようです。1階の釜場には鋳物の和釜が2基並んでいました。米を蒸すのに鋳物の和釜を使うのは、強火に耐えるからだとか。高温の乾燥蒸気によって蒸米表面から余分な水分を飛ばし、「外硬内軟」（外側が硬く内側が軟らかい）の理想の蒸米ができるそうです。

また、麹を造る麹室は4室に分かれていました。このような例は今まで訪れた蔵にはなかったことで、非常に驚きました。酒造りでは酛麹、添麹、仲麹、留麹と4段仕込みに応じて4種の麹を使いますが、どこの蔵でも麹

木桶仕込み専用蔵　洋の空間に和の道具が並ぶ光景はまるで美術館のよう

室はたいていひとつ。しかし太田蔵元は、それぞれ最適なタイプの麹に造り分けるため、独立した4室に分けて道具も専用のものを使っていると語ります。しかも全壁が天然杉。湿度調節には天然木材が最適との考えから、樹齢99年の巨木杉を使ったそうです。節がなく厚みのある壁にするためです。和釜といい、麹室といい、妥協を許さない贅沢すぎるこだわりぶりに脱帽しました。

美術館のような木桶仕込み専用蔵

しかも新蔵には、蔵に棲み着く乳酸菌などの微生物への配慮が随所に見られます。外観とは裏腹に床や窓枠は木材、壁には珪藻土、エントランスには御影石。生酛室に至っては、旧蔵で数年かけて微生物を定着させた板を壁に使っていました。そして旧蔵からの移転には3年の歳月をかけ、微生物を徐々に新たな環境に馴染ませていったと言います。太田さんの微生物に対するリスペクトと深い愛情を感じたのでした。

最後に2015年に完成したという木桶仕込み専用蔵に案内されました。アーチ型天井のゆったりした空間に高さ6尺5寸（約1・95メートル）の木桶がズラリ。洋の空間に和の道具が並ぶ光景は、まるで美術館のようで、蔵元の美意識の高さがうかがえます。高級純米酒を追求するひとつの方法として、採用を決意したとのこと。

木桶仕込み再開には2002年から取り組み始め、翌年、「純米生酛　楽天命」をリリースしたそうです。木桶を使うと凝縮感と奥深さがあり、なめらかな酒になるとか。木桶は長きにわたって日本酒造りの一端を担ってきましたが、昭和初期にホーロータンクが登場すると、管理の容易さなど利便性から一気に転換され、酒蔵から木桶は姿を消していきました。既に木桶を造れる職人は全国にも数えるほどしかいないと言われます。大七では倉庫に大切に保管してあった木桶をメンテナンスして使っていました。

大七独自の超扁平精米

大七酒造のこだわりはまだありました。精米です。玄米の表面を均等な厚さで磨く扁平精米を採用。米の長軸を中心に回転させながら扁平に磨くこの方法は、精米師の卓越した技術が必要となります。この分野で「福島の名工」を輩出していて、扁平度合いをさらに推し進め「超扁平精米」と呼ばれています。

事務所棟には豪華なテイスティングルームがあり、ここで利き酒をさせていただきました。

まずは生酛造りの決定版と評価される「純米生酛」から。上品な香りに、スッキリとしながらもコクのある味わいで、一般に生酛系に抱かれるガツンとした印象はありません。むしろまろやかで、かすかなクリーム系の香りが生酛由来を感じさせる酒です。

次は生酛純米大吟醸「箕輪門」。香りは繊細でエレガント、軟らかくなめらかな舌触り、後味にほろ苦みを感じる酒で、食中酒としての品格を備えています。もう一本の生酛純米大吟醸は「宝暦大七」。「山田錦」を超扁平精米で38％まで磨き、大七酵母で醸された特撰品です。まろやかでふっくらとした中甘口なので、食前酒や食後酒としても楽しめるでしょう。

そのほか、木桶仕込みの10年熟成酒「楽天命」や、生酛純米大吟醸雫原酒の「妙華蘭曲」といったなかなか手の出せない逸品もテイスティングさせてもらい、陶然とした酔い心地を味わいました。それは新しさと古さ、西洋と東洋が見事に融合した新蔵の酒造り環境と、太田蔵元の志の高さが織りなす協奏曲だったように思います。

17 「風の森」かぜのもり　油長酒造　奈良県御所市

搾り方で変わる酒の香味

日本酒の醸造工程の最終段階は搾りです。発酵した醪（もろみ）を酒粕と分離することで日本酒は誕生します。

搾り方には従来3つの方法がありました。最も一般的なのは自動圧搾濾過機、通称ヤブタを使う方法です。搾り終わるまで時間がかからないので酸化を防止し、しっかり搾れることが利点。ただし圧力が強いので、繊細な大吟醸などを搾るには適さないとされています。

次に挙げられるのは伝統的な槽（ふね）搾り。醪を酒袋に詰めて槽の中に積み重ね、上から圧力をかけて搾る方法です。圧力は調整できるので、手間はかかりますが雑味の少ない日本酒になります。

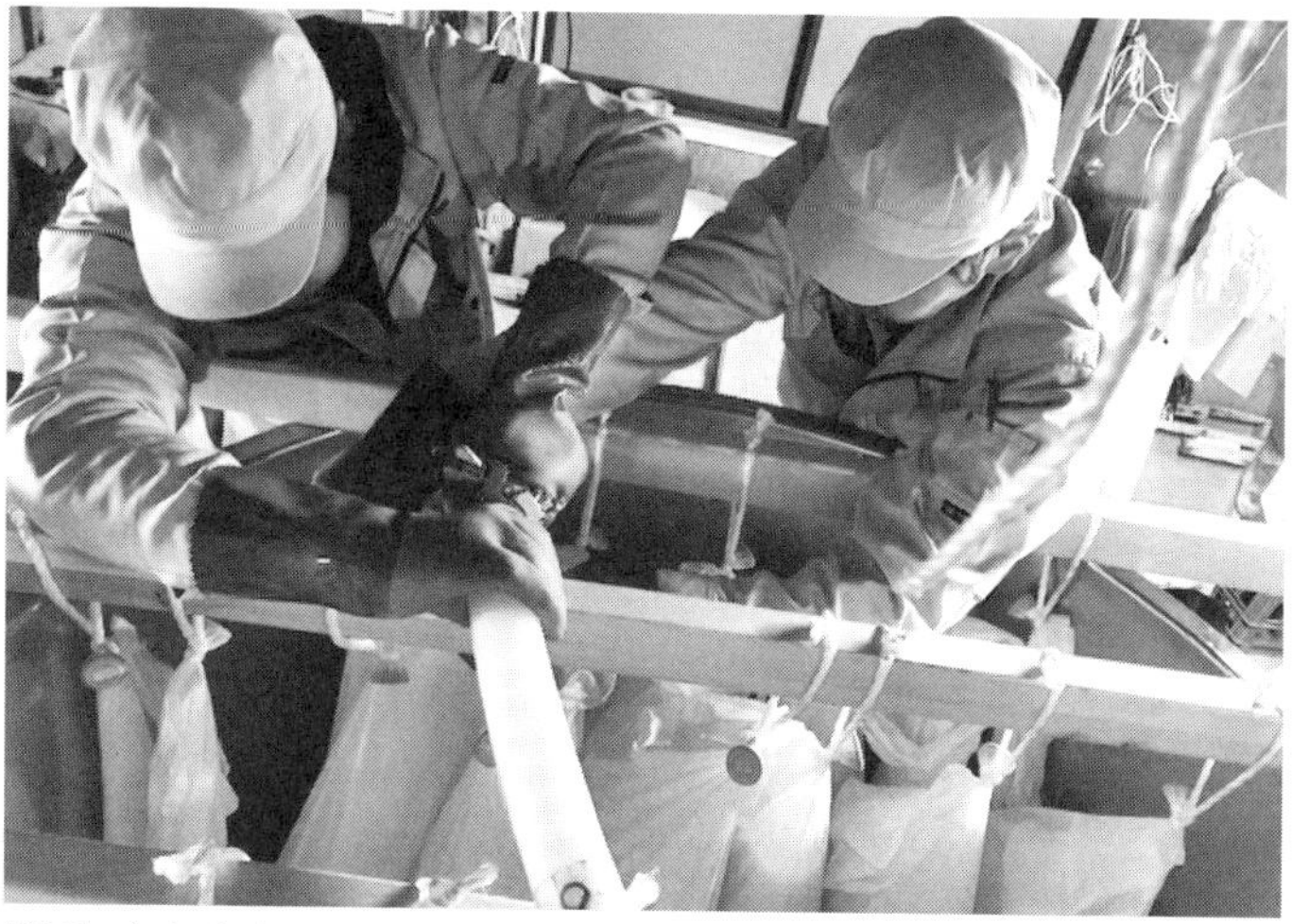

「袋吊り」と呼ばれる搾り方のひとつ。自重で滴り落ちる雫だけを集めるのでクリアな酒になる。高級酒の場合によく使われる

最後は袋吊りという搾り方です。酒袋を吊り下げて、自重で滴り落ちる雫だけを採取します。クリアで繊細な味わいを出すことができますが、あまり量が採れないのが難点。鑑評会の出品酒はよくこの方法で搾られています。

こうした搾り方の他に、テコの原理を応用する「撥ね木（はねき）搾り」や、棒状の筒をタンク内に入れて酒を吸い上げる「笊籬（いかき）採り」など、蔵独自の搾り方を採用している場合もあります。

独自技法の笊籬採りと氷結採り

独自性の高い搾り方で最近注目されているのが、「風の森」で知られる奈良県御所市の油長酒造です。創業は１７１９年（享保4年)。300年の歴史があります。

油長酒造は、県下でも比較的大きな蔵で、これまでは普通酒を中心に造ってきました。1998年(平成10年)、本物の酒を造るべく吟醸酒専用の平成蔵を建設、「風の森」の発売を開始します。その3年後からは、純米酒・純米吟醸・純米大吟醸の純米系のみの仕込みになりました。

そして採用されたのが笊籬(いかき)採りという独自の技術です。醪の中に「いかき」と呼ばれる籠状のスクリーンを沈めて、醪と清酒に分離するする技法。無加圧に近い状態で浸透してきた清酒を、周囲の空気に触れることなく採ることが可能で、従来の袋吊りの欠点を補う画期的な方法です。これにより、醪の風味をそのままに、香気成分を逃がさず、旨みを壊すこともなくなったと蔵元は語っています。

もう一つは「氷結採り」という方法。独自に設計した発酵タンクで醪中の微生物の働きをコントロールし、醪を清酒と酒粕に分離する技術です。比重の重い澱の部分は沈殿し、比重の軽い上澄みの部分が分離します。このような状態をタンクの中で創りだし、上澄み部分を分離する技術が氷結採りです。搾り機などの機械器具に触れることなく上澄み部分を分離するため、オフフレーバーの全くない酒になるのです。

「風の森　ALPHA」シリーズで旋風を

原料米には、「山田錦」や「雄町」、また奈良県唯一の酒造好適米「露葉風（つゆはかぜ）」や、風の森好適米と言われる「秋津穂」を使用。そして笊籬採りや氷結採りなど、独自の上槽方法を用いて、生き生きとした個性溢れる日本酒を生み出しています。「露葉風」は古くから奈良県の酒米として指定・認定されてきましたが、作り手が少なく、県内の蔵でこの米を使って酒造りをしている蔵は、数蔵しかありません。「風の森　純米大吟醸　露葉風」は　フレッシュな香りとほんのり甘い香りがします。含むと、プチプチしたガス感と初々しい味わいが生き生きと広がり、心地良く爽やかな酸味とほんのりと感じる甘味、喉越しの良さとバランスのいい酒になっています。

それでは油長酒造の「風の森　ALPHA」シリーズを紹介します。TYPE 1は無濾過無加水で低アルコールを実現し、TYPE 2は超高精米に挑み、TYPE 3は生と変わらない火入れ酒を追求し、TYPE 4は日本酒と酒粕をタンク内で分離する「氷結採り」で日本酒に新たな希望を開きました。

「ALPHA　風の森　TYPE 1　純米　無濾過無加水　生酒」の使用米は「秋津穂」、風の森が20年以上の長きにわたって使用してきた原料米で、風の森好適米と言ってもいいぐらい相性のいい米です。最大の特徴はアルコール度がちょっと低めの14度であること。実際に飲んでみると、旨みがしっかりあってキレも良く、風の森らしいシュワシュワ感と爽やかな旨みが口中で拡散するように広がります。

「ALPHA　風の森　TYPE 2　純米大吟醸」は、「秋津穂」を何と22％まで精米し、7号酵母と組み合わせてこの米の持つポテンシャルを余すことなく発揮させた酒。予想を超えるシルキーさ、複雑な香気成分をまとう華やかな酒質、なめらかで豊かな余韻の世界。開けたては風の森の特徴でもあるシュワシュワ感が心地よく、クリアで爽やかな香味を感じます。開栓後は徐々に炭酸ガスは抜けていきますが、ガスがなくなった後も、調和のとれた味わいとなり、よりしっとりなめらかな口当たりとなり、さらに豊かな余韻を感じることができます。

「ALPHA 風の森　TYPE 3　純米大吟醸」は唯一の火入れ酒ですが、生酒と変わらないフレッシュ感とガス感が楽しめます。海外のファンにも「風の森」を味わってもらいたいとの思いから誕生しました。

18　「あさ開」あさびらき　あさ開　岩手県盛岡市

南部杜氏の里・岩手

江戸時代から日本酒は新米の収穫後、冬場を中心に年間の必要量を仕込む寒造りが主流でした。米作りをする農民にとって冬は農閑期であり、酒造りは格好の出稼ぎの場となったのです。そして次第に集団を形成、全国に地域的な特徴を持った杜氏の職人集団が誕生しました。

現在、四大杜氏と呼ばれるのは岩手県の「南部杜氏」、新潟県の「越後杜氏」、兵庫県の「但馬杜氏」、そして石川県の「能登杜氏」です。規模は年々縮小傾向にありますが、それぞれ南部流、越後流、但馬流、能登流などと称して独自の技術と誇りを持って酒造りに臨んでいます。

杜氏とは酒造りの現場における最高責任者。酒造りにあたる蔵人（くらびと）を統率し、蔵主との信頼関係のもとに目指す酒の醸造を任されています。その語源は、古くは一家の主婦が酒造りを行っており、主婦を刀自（とじ）と呼んだことに由来すると言われます。
「あさ開」の蔵がある岩手県は、南部杜氏の故郷。全国最多の杜氏数を誇る集団で、最盛期の1965年（昭和40年）には3200名が加盟していたと言われます。

現代の名工が生む南部流の酒

「あさ開」で35年にわたって杜氏を務めているのは藤尾正彦氏。南部杜氏発祥の里、岩手県紫波郡で農家の長男に生まれ、18歳から各地の蔵で修業して1984年より現職にあります。「酒造りは農業、手間暇を惜しんではいけない」を信念に、半世紀近く酒造りに携わってきました。国内最大規模の日本酒コンテスト「全国新酒鑑評会」では、平成以降27回の入賞、うち22回は金賞という「あさ開」の華々しい受賞歴は、藤尾杜氏抜きに語れないでしょう。

口当たりが軽快で清らかな味わいが身上の酒質は、南部地方の寒冷な気候に準じて確立された製法により、南部流の技の粋を尽くして生れるもの。熱意の人、信念の人と誰からも認められる藤尾氏は、2005年に厚生労働省から卓越した技能者（現代の名工）として表彰され、「黄綬褒章」も受賞しています。

その藤尾杜氏渾身の日本酒は数々ありますが、「南部流」を冠した酒は外せません。「あさ開南部流伝承造り大吟醸」は、香り高く辛口のキレが特長。南部流の得意とする「突き破精（つきはぜ）」と伝承の寒造りから生れるものです。「突き破精」は米の内部にまで菌糸が伸びた麹の仕上げ方。軽快な淡麗タイプや吟醸酒を造るのに向いています。そして工業技術と空調設備によって一年中酒造りができるようになった現代にあっても、藤尾氏は伝統の寒造りにこだわり続けているのです。酵母の効果的な活動には低温が好ましく、自然な低温環境となる12月から2月頃までを仕込みの時期にしています。

進取の気性は創業時から

あさ開の創業は１８７１年（明治4年）、現当主は11代目の村井宏次氏。社名は万葉集に収められた和歌に由来し、船が早朝にこぎ出す歌の枕詞だそうです。南部藩士だった村井家7代目が酒造りを始めるに当たり、明治という新時代にこぎ出すという決意を込めて付けたと伝わっています。

こうした進取の精神は代々受け継がれ、10代目の村井良一郎氏は時代の先を見据えて、肉体労働主体だった酒造りの工程を改善するために近代化を図りました。それまで蔵人が不眠不休の手仕事で取り組んでいた麹造りの工程にも機械を導入、重労働の作業を軽減し、人がより頭脳と感覚を明晰にして酒造りに向き合えるようにしたのです。

それが1988年（昭和63年）に完成した「昭和旭蔵」。4階建ての白亜の建物には、巨大な製造能力を持つ自動の麹造り機、醪の品温をコントロールする自動発酵プラントなどの醸造設備が導入されています。また、南部杜氏の酒造技術を次世代に伝えるために、大吟醸を主体にした手造りラインも備えています。

平成の名水百選「大慈清水」

「あさ開」の仕込み水には天然の湧き水「大慈清水（だいじしみず）」を使用しています。藩政時代から多くの人々に生活用水として利用され、界隈には造り酒屋や麹屋、豆腐屋、蕎麦屋などが集まって地域の水の恵みを示しています。水質はまろやかな軟水で、「平成の名水百選」に選ばれました。この伏流水が蔵の敷地内の地下から湧き出ているのです。

この水と、岩手県産酒造好適米「吟ぎんが」を使い、現代の名工は爽やかな香りと軽快な飲み口の「あさ開」を生み出しているのです。

19 「宗玄」そうげん　宗玄酒造　石川県珠洲市

奥能登エリア最古の酒蔵

石川県能登半島の先端に位置する珠洲市や輪島市あたりは、奥能登と呼ばれています。有名な「輪島の朝市」は、この奥能登を象徴する風物詩。周辺農家の朝採れ野菜、漁師町の女衆が売る新鮮な魚介、海藻。たくさんの露店が並ぶその雑踏に一歩踏み入れれば、山と海の自然とともにある奥能登の暮らしが見えてくるかのようです。

この奥能登エリアには現在11軒の酒蔵がありますが、最も古い歴史を誇るのが「宗玄」の醸造元である宗玄酒造。創業一族は能登国守護であった能登畠山氏の一族・畠山義春の末裔と伝わっています。七尾城主を務めた畠山義春の一族は、上杉謙信の城攻めに遭い、珠洲に逃れて宗玄と改姓。宗玄忠五郎が１７６８年（明和五年）に酒蔵を興しました。アメリカの独立が１７７６年ですから、それより古い江戸時代の中期。以来２５０年間、能登杜氏発祥の地で能登流を極める酒造りが続けられてきた蔵です。

杜氏は能登四天王の後継者

宗玄で1997年（平成9年）から杜氏の重責を担っているのは坂口幸夫氏です。能登四天王の筆頭と言われた静岡県「開運」の波瀬正吉杜氏の薫陶を受け、四天王が築いた能登流の名声を引き継いでいる第一人者と言われます。

坂口さんは、冬は父も祖父も造り酒屋で働く漁師の家に生まれました。中学を卒業すると当然のように酒蔵に出稼ぎに。そんな中で酒造りのレジェンド・四天王の農口杜氏や波瀬杜氏との出会いがありました。

坂口さんは能登杜氏組合のインタビューに答えて、次のような主旨の話をしています。「農口杜氏と波瀬杜氏は同級生でライバルだった。酒の造り方は全く異なる。自分は波瀬杜氏のところで長く育ててもらったから、例えば農口杜氏のような山廃は造らない。山廃でなくてもしっかりした味の酒を造れば、山廃に負けない。波瀬杜氏と農口杜氏の両者から学べたことはとても恵まれていると思う」。この話から、能登流と一口に言ってもいろいろな酒があることがわかります。

鑑評会では金賞ラッシュの「宗玄」

坂口杜氏の酒は全体のバランスが良く、味がしっかりのっていながらも綺麗な旨みを感じさせ、杯が進んでも全く飲み飽きしません。その酒質は、波瀬杜氏が醸していた「開運」に相通じるものがあると思います。生きのいい海の幸と楽しんでみたいお酒です。

ちなみに坂口さんが指揮する「宗玄」は、全国新酒鑑評会で２００１年以降だけでも２０１９年までの19回中、実に15回も金賞に輝いています。しかし、坂口さんは語っています。鑑評会に出品する大吟醸は蔵の看板、純米酒は自分の酒だと。能登流という昔ながらの酒造りに学びながら、フルーティーで繊細な吟醸酒の高品質化に成功した坂口杜氏ですが、真骨頂はどうやら純米酒にあるということのようです。例えば「宗玄　純米吟醸」はフルーティーな香りとまろやかな口当たり、キレの良さがあり、バランスのとれた味わいは純米吟醸の手本のようだと評価されています。

熟成酒「隧道蔵」シリーズも

宗玄酒造では本醸造や純米、純米吟醸、大吟醸などの小仕込みの特定名称酒を醸す「平成蔵」と、地元に根強いファンが多い普通酒を中心に醸す「明和蔵」の二つで構成されています。地元では一般的に「宗玄」というお酒は、甘口の代表酒というイメージが強いようです。確かにかつて奥能登には肉体労働に携わる者が多く、へしこや漬物など比較的塩辛い食べ物が好まれていたために、甘口のお酒が主流でした。近年は普通酒を除き、時代や食の嗜好の変化とともに、口当たりの柔らかい辛口系の酒に変わってきているようです。

仕込み水は、酒蔵の裏山からボーリングして採取しているそうです。とても柔らかくてほんのり甘さを感じる水質。日本酒の成分は80％が水ですから、「宗玄」の酒のクオリティはこの水が支えているとも言えます。

また宗玄酒造では、のと鉄道能登線の廃止区間にある旧恋路駅に近い宗玄隧道（ずいどう）を買い取り、貯蔵庫「隧道蔵」として活用しています。隧道蔵の中の温度は一年365日、常に12℃。理想的な湿度と相まって、日本酒をよりまろやかで深い味わいに熟成させるのに適した環境なのだそうです。貯蔵酒は「隧道蔵」シリーズとして加えられています。

20 「天狗舞」てんぐまい　車多《しゃた》酒造　石川県白山市

霊峰白山の伏流水を仕込み水に

山廃仕込みに独自技術を発揮する「天狗舞」の車多酒造。「天狗舞 山廃仕込み純米酒」はこの蔵のシンボル的な酒と言えます。乳酸発酵を伴う山廃仕込みならではの香りは、深みがあって複雑。味わいも濃淳な旨みと鮮やかな酸味が調和して個性的です。

「天狗舞」とはかなりインパクトのある酒銘ですが、その名は、蔵周囲の森の葉ずれの音が天狗の舞う音に聞こえたことに由来するとか。日本三霊山の白山を望む加賀平野にあって、蔵はうっそうたる森に囲まれていたのでしょう。時は1823年（文政6年）、初代蔵元・車多太右衛門が「旨い酒を」との一心で酒造りを始め、「天狗舞」と名付けたと伝わります。

以来、霊峰白山から湧き出る伏流水と加賀平野で実った米によって、飲んで旨い酒、料理と合わせて旨い酒を追い求めてきました。

山廃仕込みの代名詞「天狗舞」

「天狗舞」が大きく変わったのは、7代目蔵元の車多壽郎氏が蔵に戻ってきてから。山廃造りに着目して、静岡県で杜氏をしていた中三郎氏を呼び寄せ、二人三脚で山廃の「天狗舞」を造り上げていきます。日本酒本来の味にこだわって、米の旨さを生かす造りを試行錯誤。手間を厭わずヒマを惜しまない手造りの山廃を極めていきます。こうして中杜氏は、「菊姫」の農口尚彦、「開運」の波瀬正吉、「満寿泉」の三盃幸一とともに「能登四天王」と呼ばれるようになりました。

山廃造りは明治末に開発された手法です。それまで一般的だった生酛造りを簡略化したもので、生酛・山廃造りの酒は酸味が強く飲み応えのある風味が特徴でした。ところが中杜氏の山廃は、酸はあるけれど強い酸ではなく綺麗な酸味。磨き上げられ洗練された技法で、山廃仕込みの代名詞「天狗舞」の生みの親となったのです。

能登杜氏のレジェンド、中三郎

車多酒造の定番の酒となっているのは先にも挙げた「天狗舞　山廃仕込み純米酒」。酒米「五百万石」を使い、日本酒度＋3、酸度1・9、アルコール度15・9度というスペックで、山廃仕込み特有の濃厚な香味と酸味の調和がとれた個性豊かな純米酒となっています。「天狗舞」の中でも特に濃い山吹色を帯びていて、目も楽しませてくれる酒。常温または熱燗まで、幅広い温度帯で楽しめますが、お薦めはお燗酒でしょう。

シリーズの最高峰に挙げたいのは「天狗舞　中三郎　大吟醸」。現代の名工を受賞した中三郎杜氏が商品名の由来です。酒米の最高峰「山田錦」、しかも兵庫県産特A地区の極上品を35％まで磨き、鑑評会出品酒同様に醸造したもの。年1回だけ出荷される限定品で、春先に瓶詰めして氷温にて熟成させています。優美な香りとなめらかな口当たり、甘味を基調としながらも酸味・辛み・微妙な苦みと渋みと、調和のとれた味わいに陶然とさせられます。能登杜氏のレジェンド・中三郎の真骨頂を、余すところなく堪能させてもらえます。

21　「雪の茅舎」ゆきのぼうしゃ　齋彌酒造店　秋田県由利本荘市

霊峰鳥海山ふもとの雪深い地で

「雪の茅舎」の文字があるラベルを見ると、なぜか雪深い里山の風景が思い浮かびます。どんな意味が調べてみると、「雪に埋もれた茅葺き屋根の農家が点在する冬景色」とありました。

秋田県西南部、日本海に面する由利本荘市は、霊峰鳥海山の北側に広がる地。江戸時代から米と水に恵まれ、酒どころ・秋田の中でも有名な酒の生産地でした。現在は4軒の酒蔵が伝統の酒造りを受け継いでいます。

齋彌酒造店は1902年（明治35年）に初代・齋藤彌太郎が創業。傾斜地に建てられた蔵や家屋は、国の登録有形文化財になっています。自然の地形を利用した設計は、通称「のぼり蔵」と呼ばれるもの。蔵の一番高い所に精米所があり、酒米を登らせてから下りながら酒造工程が進み、一番下で瓶詰め・出荷される構造になっているのです。その高低差は6m、斜面をうまく利用した先人の知恵に驚かされます。

「三無い造り」を築き上げた高橋杜氏

この蔵の代表銘柄は「由利正宗」でしたが、近年は「雪の茅舎」にとって代わられたようです。その陰には、秋田の伝説の杜氏・高橋藤一氏の存在があります。2019年、NHKのドキュメンタリー番組「プロフェッショナル　仕事の流儀」にも登場したので、ご存知の方もいることでしょう。1984年（昭和59年）に齋彌酒造店に杜氏として着任、2019年現在73歳で今なお現役です。

その酒造りは、まず「米作り」から。「雪の茅舎」の原料米となる酒造好適米「秋田酒こまち」は、蔵人たちによって地元で育てられています。全ての蔵人は酒米を育てる米農家でもあるのです。酒造りをする人間は米を熟知する必要がある、というのが杜氏の考えだからです。

そして自然の力を大切にすること。酵母の働きを尊重して「櫂入れしない」、長い時間をかけてじっくりと醸した酒をそのままの状態で味わってほしいから「加水しない」、「濾過しない」。齋彌酒造店の核とも言える「三無い造り」を築き上げたのは高橋杜氏でした。

山廃の復活をテーマに

また酵母の自家培養に取り組み、長年にわたり選抜した自家培養酵母は「雪の茅舎」オリジナルの香味を生み出しました。

これらの取り組みが「雪の茅舎」の特徴でもある「山廃の復活」を可能にしたのです。酒母造りで現在主流となっている「速醸酛」は、醸造用の乳酸を添加して仕込む方法ですが、自然界の乳酸菌の力によって醸す「山廃酛」は育成に時間と手間がかかり、高度な技術が必要となります。

秋田県の山内地方（現横手市）に生れた杜氏集団・山内杜氏（さんないとうじ）の組合長も務める高橋杜氏の山廃は、山廃が苦手な人にも抵抗感がないと評されています。確かに香りは穏やかで花の蜜のようなイメージ、口当たりはシルキーで、綺麗な米の旨みと引き締まった酸味のバランスがとれた味わい。冷酒だと山廃とは気づかないかもしれません。

洗練された味わいの「秘伝山廃」

その代表とも言えるのが「秘伝山廃　山廃純米吟醸」。重さを感じないかなり洗練された山廃造りで、フレッシュな酒質を好む人にも山廃の妙味が体感できます。冷酒・常温・お燗とどの温度でも自由に楽しめる懐の深さが魅力です。米は「山田錦」と「秋田酒こまち」、酵母は蔵内保存を使い、日本酒度＋1、酸度1・8、アルコール分16〜17％に仕上げています。

また「山廃純米」は、飲み飽きしない酒質で適度な酸味があり、燗にしても美味しい純米酒。そして「山廃本醸造」は幅のある味わいとキレの良さが好評で、やはり燗酒でその美味しさが一段と冴える酒です。

その3
バラエティに富む日本酒の世界

22 「賀茂泉」かもいずみ　賀茂泉酒造　広島県東広島市

西国の酒都・西条で

「賀茂泉」の名で知られる広島の銘醸蔵・賀茂泉酒造は、広島県東広島市の西条にあります。江戸時代、山陽道の宿場町であった西条は、吟醸酒の里としても名を馳せています。灘、伏見と並ぶ西国の酒都と呼ばれ、西条駅近くの酒蔵通りには著名な酒銘を掲げた赤煉瓦の四角い煙突が、キラ星の如く競い立っています。

白壁やなまこ壁の建物が連なるこの通りでは、毎年10月に「西条酒祭り」が開催され、西条酒の蔵元各社がそれぞれ趣向を凝らした催しを企画して、20万人を超える日本酒ファンを集めています。

西条が銘醸地となったのは高原盆地の気候風土と水に恵まれたためと言われます。仕込み水には賀茂山系に降る雨が、15年かけて流れてくる伏流水を使っていますが、水質は中硬水で素材の良さを引き出す力を持っているそう。硬水で知られる灘の「男酒」、対して軟水の伏見が醸す「女酒」。西条はその中間で味に旨みがあって喉越しのいい酒になると言われています。水源の保護活動には西条酒造組合として取り組み、間伐材は肥料として酒米の田んぼに返す循環農業も行っているそうです。

純米酒普及のパイオニアとして

「賀茂泉」が醸造を始めたのは1910年（明治43年）で、元号が大正に変わった年に「前垣酒造場」として創業しました。酒銘は地名の「賀茂」と、仕込み水に使った蔵元所有の山林にある山陽道の名水「茗荷清水」から、「賀茂泉」の名が生れたと伝わります。

2代目のときには、戦中・戦後の混乱期に失われた日本酒本来の姿を求め、米と米麹と水だけで仕込む純米酒造りに取り組みました。試行錯誤の末1971年（昭和46年）には『純米醸造　本仕込加茂泉』を発売。以来、純米酒のパイオニアとしてその普及に取り組んできました。今でこそ純米酒は当たり前ですが、半世紀も前から醸造アルコールや添加物なしの酒造りを推進していたとは驚きです。1973年に発足した「純粋日本酒協会」の代表幹事も務めていました。

今もこの蔵では、純米酒を中心に米の旨みを充分に引き出す酒造りが行われています。バランスのとれた酒に仕上げるため、全ての醪が低温で発酵できるような独自の温度管理システムを導入。伝統的な三段仕込みを忠実に守った造りを基本にしています。

原料米には広島県産の「広島八反」「千本錦」「中生新千本」などを使用し、「山田錦」は地元農家の協力のもと地元での育成を図っています。また活性炭素を使用した濾過は行わず、米の旨みと日本酒本来の美しい山吹色を大切にしています。全体的に濃醇芳香な酒質ですが、濃い中にもすっきりとした味わいと喉越しの良さが感じられる酒になっています。

「美酒鍋」ともベストマッチ

こうした「賀茂泉」と相性のいい地元の料理は、やはり瀬戸内海で獲れる海の幸でしょう。中でも凝縮された旨みのある牡蠣はベストワン。レモンをキュッと搾って、あるいは牡蠣フライで、至極の一献を楽しめます。

また、西条が発祥の「美酒鍋」と合わせてみるのも一興です。本来は「びしょなべ」と呼ばれたこの料理、同じ西条の酒蔵・賀茂鶴酒造で考案された蔵人の賄い。蔵人は水仕事が多く、いつも服がびしょ濡れだったため、若い衆を「びしょ」と呼んだことに由来するとか。塩と胡椒、酒だけで味付けするのも利き酒に支障を来さないようにとの配慮からだと言われます。鶏肉、砂肝、豚肉と野菜をたっぷりの酒で炒り煮する料理。アルコール分が飛んで旨みだけが残るため、美味しいことといったらありません。酒が進むこと請合いです。今は西条の郷土料理になっています。

代表の一本は「賀茂泉　純米吟醸　朱泉」です。広島の酒造好適米「広島八反」と「新千本」を使い、ふくよかな旨みと爽やかなキレを持った純米吟醸酒。日本酒本来の旨みを残すため、炭素を使った濾過をしていないので、淡い黄金色をしています。ぬるめのお燗で楽しんでください。

23 「達磨正宗」だるままさむね　白木恒助商店　岐阜県岐阜市

現代市場に古酒を蘇らせる

日本酒が美味しく飲める期間は製造されてからだいたい1年とされていますが、実はそれ以上の期間が過ぎても日本酒は飲むことが可能です。それどころか、長期間保存することによってワインのビンテージのように洗練された味わいに変わることもあるのです。そういった日本酒は古酒（熟成古酒、長期熟成酒）と呼ばれます。

古酒の復興を目的に１９８５年（昭和60年）に設立された「長期熟成酒研究会」という

任意団体があります。酒造会社や酒類流通業、酒販店、飲食店などが会員で、２０１９年10月現在26社の酒造会社が会員として名を連ねています。会長は「龍力」の本田商店代表・本田眞一郎氏、顧問は「達磨正宗」の白木恒助商店会長・白木善次氏が務めています。

この白木氏こそ、現代市場に古酒を蘇らせたパイオニアのひとり。江戸期までの日本には文献にも見られるように、古酒を嗜む文化が存在していました。しかし、重い酒税などの理由から、古酒は明治期に姿を消してしまいます。その後、戦後の税制改正等により、古酒は市場に徐々に蘇りつつありますが、広く世に認知される存在にまではなっていないのが現状でした。

古酒の多彩な魅力

古酒とはなんぞや、という質問には、次のような長期熟成酒研究会の定義が参考になります。「満3年以上蔵元で熟成させた、糖類添加酒を除く清酒」です。またタイプには常温熟成させた「濃熟タイプ」、低温熟成と常温熟成を併用した「中間タイプ」、低温熟成による「淡熟タイプ」に分類されています。

色合いは淡い山吹色から輝く黄金色、もしくはトパーズ色、スコッチのようなこげ茶色までさまざまです。香りはシェリーを思わせたり、コーヒーやチョコレートのようであったり、はたまた香木に似ていたりと複雑。そして味わいは甘く芳醇で、ときに心地いい苦味やワインのような酸味があり、円熟した旨みとエキゾチックな長い余韻が楽しめます。

白木氏の古酒造りはどのような酒が魅力的な古酒になるのか、データすらないところからの出発でした。そのため多様な酒質の仕込みをして試行錯誤を繰り返し、20年の歳月をかけて製造のノウハウを確立したそうです。

その安定した品質と品格ある香味は、インターナショナル・ワイン・チャレンジ2008で、日本酒「古酒の部門」にてゴールドメダルを受賞。ＪＡＬ国際線のファーストクラスに搭載されるなど、国際的にも高く評価されています。

時が凝縮されて備わる風格

蔵は「鵜飼い」で名高い長良川流域、岐阜市の北東部に位置しています。創業は１８３５年（天保６年）。明治期の濃尾地震では、仕込み蔵が倒壊する被害を受け、再建には大変な苦労を余儀なくされたと伝わります。そのときに七転び八起きの達磨にちなんで、「達磨正宗」の酒銘が生れたそうです。

古酒の製造を始めたのは６代目の白木善次氏。大手メーカーの酒が地元の酒屋にも並び、地酒が売れない苦しい立場に置かれた１９６５〜１９７４年（昭和40年代）、生き残りをかけての挑戦でした。毎年いろいろな酒造りにチャレンジし、その結果を何年もかけて検証していく手間と時間がかかる作業は、辛抱の連続だったはず。毎年、何種類も造っては売らずに熟成させていくのですから。

こうして１９７５〜１９８４年（昭和50年代）には、三年、五年、十年古酒等が市場に送り出されました。古酒は酒の造り方や熟成のさせ方によって、色・香り・味が変幻します。熟成を重ねるにつれ、照り、色、香り、味が予想を超えて変わり、風格を備えていくことがわかったのです。

「達磨正宗」の仕込みに使う米は「日本晴」、水は長良川の支流・武儀川《むぎがわ》の伏流水。この水は硬度が低い軟水で、仕込んだ酒は濃いめでコクのある味わい、まろやかな口当たりになるとのことです。

温度帯によって七変化する味わい

輝くような光沢の美しい色と、重厚で力強く円熟した複雑な香味。古酒は味わいの深い酒なので、合わせる料理もインパクトのあるものがいいでしょう。

中華料理や揚げ物などの脂分もサラリと流し、口中をリセットしてくれます。チーズやドライフルーツ、チョコレート、ナッツ類との相性もよく、デザート酒にも最適。アイスクリームに添えて楽しむ商品も出ています。

このブランドを代表するのは「達磨正宗十年古酒」でしょう。香港で開催された日本酒コンクール「TTSA 2018」でチャンピオンを獲得しています。JAL国際線のファーストクラスに3年間搭載された実績もあり、7代目蔵元杜氏の白木寿氏は語っています。

「香りはふくよかでドライフルーツ様の甘い香り、そしてスパイシーな香りもします。ボリューム感も十分で、後半の甘みがこの酒をまとめています。また、温度帯によって七変化する味わいは、まるで魔法のよう。とろけるような味わいをお楽しみいただけます」と。

24　「長龍」ちょうりゅう　長龍酒造　奈良県広陵町

「樽酒」の魅力をもう一度

お祝いのセレモニーに華を添える「樽酒」の鏡開き。古来、日本ではおめでたい席の傍らに、いつも「樽」のお酒がありました。

今では希少になりましたが、かつて日本酒は全て樽酒でした。杉桶を使って造られ、樽で運ばれ、樽で売られていたのです。ですからその頃の日本酒は、どれも樽香がするのが当り前。後にホーロータンクが登場し、一升瓶をはじめとする瓶詰め酒が常識となって、日本酒からは樽の香りが消えてしまいました。

杉樽は高価で大量生産に向かないのと、樽が酒を吸って目減りするというデメリットもあったようです。けれども樽酒そのものが、現代人の嗜好にそぐわなくなったわけではないでしょう。

それを証明するのが「長龍」です。樽酒の香りにこだわり、樽香のする日本酒商品がロングセラーとなっている長龍酒造の例を紹介します。

業界初「瓶詰めの樽酒」を発売

この蔵は奈良県の広陵町、世界遺産として名高い法隆寺から車で15分ほどの地にあります。創業は１９２３年（大正12年）、昔ながらの手造りラインと、コンピュータ制御の自動ラインが併設されています。

１９６４年（昭和39年）には、瓶詰め樽酒を発売して話題となりました。近年は年度毎に発売するビンテージ純米酒「ふた穂」、奈良の地産地消にこだわった「稲の国の稲の酒」などを世に出し、伝統を守りつつ新たな挑戦を続ける酒蔵です。

瓶詰めの樽酒として発売された「吉野杉の樽酒」は、業界初の試みでした。吉野杉を使った樽に原酒をほどよく馴染ませ、頃合いを見計らって瓶詰め。すぐにパストクーラーで急冷して、樽の香りと味わいを封じ込めています。

樽で熟成させる期間は、「樽添え師」と呼ばれる職人の仕事。杉の香味と酒が調和して、まろやかな旨みとなった頃合いを鋭く見極めて決定します。

また樽材が重要になりますが、長龍酒造では全国を奔走の結果、奈良・吉野杉の樽部材が最適かつ最高との結論に至りました。その確保と継続のために樽材の製造者組合を結成し、援助しています。吉野杉は節がなく年輪が細かいので酒が漏れにくく、アクが少ないので酒に過度な匂いや色が付かないそうです。

「吉野杉の樽酒」シリーズ

古くは桶として灘の酒造りに使われ、樽になって江戸への下り酒として樽廻船で運ばれるのに活躍した吉野杉。その良質な「樽酒」の味と香りのバランスは、静かさやのどかさの郷愁を誘う心にも通じると評価されています。また、樽酒に含まれる香味成分には、森林浴や檜風呂同様にアロマセラピーにおけるリラックス効果があるとの説も見られます。

それではここで、発売以来50年以上になる「吉野杉の樽酒」シリーズから、「長龍　吉野杉の樽酒　雄町山廃純米」を紹介します。半世紀にわたって培った「樽添え」の技を生かして誕生した、山廃仕込みの純米酒です。樹齢約80年の吉野杉の樽と、備前雄町米を68%に精米して使っています。柔らかくもきりっとした樽香と雄町米のふくらみある味わいが絶妙に調和して、インパクトある仕上がり。冷酒、常温から燗酒まで幅広い温度帯で楽しめ、特に熱燗でシャープなキレ味が一段と冴えます。

手軽に楽しむなら300㎖やカップ酒タイプもある通常の「吉野杉の樽酒」がお薦め。杉の清々しい香りと独特のコクと旨みが調和した味わいになっています。冷酒で清澄、ぬる燗なら芳醇でキレある後味。日本酒の醍醐味が味わえます。

25　「菊水」きくすい　菊水酒造　新潟県新発田市

日本初のアルミ缶入り生原酒

「菊水」ブランドと言えばまず思い浮かぶのは「ふなぐち菊水一番しぼり」です。業界の先駆けとして発売されたアルミ缶入りの生酒は、50年近くたった今も人気のロングセラー商品です。ビールでは一般的なアルミ缶ですが、半世紀も前の日本酒業界にアルミ缶入りという発想はありませんでした。

菊水酒造がこの商品を開発した経緯を調べてみると、同社の「お客様第一主義」から生れたとあります。蔵見学に訪れた人たちに搾りたての生酒を振る舞うと、決まって感動の声が上がり、こんな酒がいつでも飲めたらいいのにと切望するそうです。

そんな多くのお客様の要望に応えようと商品開発が決定されました。しかし、生酒はデリケートで、劣化や腐敗の可能性が高く、製品化した後も温度管理が不可欠。紫外線にも影響されるため、容器にも課題を抱えていました。それでもお客様に喜んでいただけるならと、手を尽くし3年の歳月をかけて誕生したものだそうです。1972年（昭和47年）、日本で初めての缶入り生原酒の商品化でした。

そもそも「ふなぐち」とは搾りたての生酒を意味するもの。酒を搾る道具を「槽（ふね）」と呼びますが、搾った酒のほとばしり出る出口を「ふなぐち」と言い、転じて搾ったばかりの原酒を呼ぶようになりました。生、つまり非加熱でデリケートなため、市場に出すのは難しく、蔵でしか味わえないレアな酒だったのです。

いつでも、どこでも、蔵出しの風味を手軽に

この旨さ格別な酒の鮮度を保つために、考案されたのがアルミ缶でした。アルミ缶は日本酒の大敵である紫外線をシャットアウトし、空気に触れることもないため、生酒ならではのフレッシュ感、加水していない原酒としての濃厚なボディを保持して、搾りたてを蔵の外でも味わうことを可能にしたのです。生原酒の通年流通という新たな風を、市場に巻き起こした功績は大きいと言えます。

しかも200㎖のハンディさは持ち歩きにも便利で、旅行やキャンプなどアウトドアでの宴と、飲酒シーンを広げられることも人気の理由でしょう。「いつでも、どこでも、蔵出しの風味を手軽に味わえる」ことが、この酒の特徴となっています。

その後、この商品には次々に新バージョンが加えられ、シリーズ化されました。「スパークリング　ふなぐち菊水一番しぼり」は炭酸をプラスし、搾りたて生原酒の美味しさはそのままに、ほとばしる旨みがはじける酒。「熟成　ふなぐち菊水一番しぼり」は蔵で1年低温熟成させ、深いコクとトロリとした口当たりが特徴。「薫香　ふなぐち菊水一番しぼり」は酒粕から造った焼酎を加え、深みある華やかな香りが魅力の商品になりました。また容量も300㎖、500㎖、720㎖が加えられ、顧客の選択肢は広がっています。

他の商品でも「菊水」は少量容器が目立ちます。これも「お客様第一主義」から生まれるもの。小容器はよりよいサイズとの認識で、「新・生活酒」の視点で新商品の開発に臨んでいるそうです。

酒銘は不老長寿をもたらす菊に由来

菊水酒造は新潟県新発田市で1881年（明治14年）に創業しました。ここでは実りの季節になると黄金色の稲穂が一面に波打ち、良質の米がたくさん収穫されます。極上の「コシヒカリ」はもとより、「五百万石」などの酒造好適米の産地として知られます。そのせいか新発田には酒造会社や食品関連企業が多数存在しています。

また、山形との県境にそびえる飯豊（いいで）連峰を源にして、市街を悠然と加治川が流れ、清流で生れる鮭は秋口になるとこの川に回帰して水底に新たな生命を宿します。その豊富な地下水脈と飯豊連峰の雪解け水が伏流水となってこの地を潤し、酒造りに絶好の環境となっています。

「菊水」の酒銘は『太平記』十三巻における『菊慈童』という能楽に起源を求めたもの。罪を犯して流罪となった少年が菊の露を飲んで長寿を保ち、長らく童形であったという故事にちなんでいます。菊は不老長寿をもたらすものであり、これにあやかって「菊水」の名が生まれたそうです。

定番酒「菊水の辛口」は、新潟の地酒の代名詞となった「淡麗辛口」タイプ。さらりとした飲み飽きない酒です。新潟の米・水・技の調和から成るキレのよい味わいは、冷やしても燗にしても料理の味を引き立てます。菊水酒造の蔵人が最も愛飲する酒でもあるそうです。

26 「月の桂」つきのかつら　増田徳兵衛商店　京都府京都市

伏見の女酒

「灘の男酒」「伏見の女酒」という言葉があります。日本酒の二大名所とされた兵庫県・灘と京都・伏見の酒は、対照的な酒質なのでこんな表現をされました。灘の酒は淡麗でキレのある味わい、対して伏見の酒は柔らかくまろやかな口当たり。これは水の違いによるところ大なのです。

灘の酒に使われるのは、酵母の栄養源となるミネラル分が多い硬水。やや酸の多くコクとキレのある辛口タイプの酒になると言われます。一方、伏見の水はカルシウムやマグネシウムをほどよく含んだ中硬水のため、酸は少なめ、なめらかできめ細かい淡麗な風味を生み出すとされています。また伏見の酒は宮廷料理から派生した「京料理に合う酒」として洗練されていったのに対し、灘の酒は江戸っ子の嗜好に合う「江戸送りの酒」としてそのタイプが形成されていきました。

言わば京文化に磨きあげられたのが伏見の清酒。その歴史を遡れば、日本に稲作が伝わった弥生時代に始まったとされています。以来、脈々と受け継がれてきた酒造りの伝統は、安土桃山時代に花開きます。太閤秀吉の伏見城築城によって伏見は大いに栄え、需要が高まる中で一躍脚光を浴びるようになりました。

「月の桂」は公家が命名

伏見は桃山丘陵からの伏流水が豊かで、古くは「伏水」とも表記されました。伏見桃山駅で下車して賑やかなアーケードを進むと、幕末にタイムスリップしたかのような雰囲気の「伏水酒蔵小路」があり、この古い表記が使われています。伏見の17の蔵元が自慢の銘酒を出品し、およそ100種の地酒が楽しめるとあって多くの観光客を集めています。

「月の桂」の醸造元・増田徳兵衛商店は、現存する伏見の造り酒屋で最も古い歴史を持っています。創業は１６７５年（延宝3年）というから、実に３４０余年前。江戸幕府は４代将軍徳川家綱の時代です。

当主は14代目の増田徳兵衛氏。増田家はかつて京から西国に赴く公卿の中宿も務めた旧家で、「月の桂」の銘は、公家の姉小路有長が命名したと伝わります。「酒は文化なり」を理念に季節感と個性を大切にする酒造りは、酒仙を標榜する作家たちに賛美され、「文化人の酒」とも呼ばれてきました。

元祖にごり酒

さて「月の桂」と言えばやはりにごり酒。にごり酒を日本で最初に造った蔵として知られています。13代目の時代にこのにごり酒が新しいジャンルとして確立されました。その経緯と開発のご苦労について増田氏に伺いました。

「そもそもは、昔懐かしいどぶろくみたいな酒が飲みたいね、という懐古趣味から開発が始まりました。清酒とどぶろくの違いは、醪を漉すか漉さないか。つまり醪を酒粕と原酒に分けて初めて清酒＝日本酒と名乗ることができるのです」と語り始める増田氏。明治末以降はどぶろく造りが酒税法違反になっていました。

「そこで漉しながらどうしたらどぶろくのような固体感を残せるか、苦慮した結果、ザルで漉すことにしたのです。いわゆる粗漉し（あらごし）ですね。そして加熱殺菌せずに瓶に詰めるので、酵母菌が生きているため発酵を続け、炭酸ガスを含んでいます。従って口の中ではじける刺激が心地いいと好評でした」

スパークリング清酒の誕生です。どぶろくのように白く濁っているが、やや辛口のサラサラした飲み口で、洗練された味わいはどぶろくとは別物。この新製品はたちまち話題となり、京都と東京で「月の桂のにごり酒を飲む会」が発足したそうです。それが1966年（昭和41年）というから半世紀以上も前。このにごり酒を楽しむ会は今も続いていて、合計1500回にもなったと2019年の秋、増田氏は嬉しそうに話していました。「酒の神様」と尊敬された発酵・醸造の研究で世界的権威の坂口謹一郎先生から、元祖にごり酒のお墨付きももらったそうです。

もう一つの元祖

「でも開発したのはいいのですが、開栓すると瓶から吹きこぼれるとクレームの嵐。私はその処理で全国を走り回りました。関西で一番怖いと恐れられた組にも謝りに行き、肝を冷やしたものです」

それだけ発泡力が強かったのでしょう。このエピソードはにごり酒が幅広い人たちに注目されたことをも物語っています。それほど話題性があったのです。その後、栓の改良、取り扱いの周知徹底が行われ、漉す器具もステンレス製の網に変えられたということです。

私も活性にごり酒は好んで飲んでいます。ライトでミルキーながら米の印象が強く感じられ、白玉粉や柑橘系の香りと酸味が、サラリとした口当たりで飲みやすいお酒です。フレッシュタイプのチーズ、もしくはスパイシーな魚介と合わせてアペリティフとして提供したら、ニューヨーカーも喜ぶはずです。

もう一つこの蔵が元祖とされるのが古酒。にごり酒に挑戦したのと同時に古酒造りが始められました。江戸時代の文献「本朝食鑑」を参考に、純米大吟醸を多治見焼きの甕に入れて、毎年ストック。最も古いものは50年以上の時を経ています。現在はこの甕が１２００本あるそうで、10年物は「月の桂琥珀光特別酒十年秘蔵大吟醸古酒」として商品化されています。琥珀の色合いと蜂蜜やカラメルのような香り、まろやかでなめらかな酸味と、円熟した芳醇さに桃源郷へと誘われます。

このように、歴史のある旧家の増田徳兵衛商店が先進性に富んでいることは意外でした。そう言えば「抱腹絶倒」「稼ぎ頭」「吃驚仰天（びっくりぎょうてん）」などというユニークな酒銘のお酒もあります。「抱腹絶倒」はアルコール度数８％の新タイプの純米酒、「吃驚仰天」は発泡性のある日本酒です。これらは14代目増田徳兵衛氏の斬新な発想から生れました。日本酒造組合中央会では２００８年から２０１６年まで海外戦略委員長を務め、日本酒の海外普及に貢献しています。

27 「水芭蕉」みずばしょう　永井酒造　群馬県川場村

スパークリング日本酒の先駆け

群馬県の最北部、新潟県との県境近くに川場村はあります。そこは尾瀬国立公園に近い利根川の源流域で、川が多いことから川場の名が付いたと言われます。

人口僅か３５００人のこの村に、永井酒造の蔵は建っています。「水芭蕉」「谷川岳」のブランド名は郷土の大自然を表現したもので、水の透明感とピュアな空気を感じるような酒を紡いでいくとの思いが込められています。

２００８年（平成20年）、この豊かな自然に抱かれた酒蔵が業界を驚かせる商品をリリースしました。スパークリング日本酒の先駆けとなる「MIZUBASHO PURE」です。構想から10年、数百回にも及ぶ失敗の果てに完成したもので、6代目蔵元の永井則吉氏は語っています。

「世界に通用する日本酒を創る、そう決心して世界のスパークリングワインの最高峰シャンパーニュに学びました。酵母菌が発酵の際に出す炭酸ガスを自然な状態で封じ込めるために、スパークリングワインと同様の『瓶内二次発酵』の手法を、日本酒に応用するための研究を続けました」と。

世界の乾杯シーンにawa酒を

「MIZUBASHO PURE」はフランス・シャンパーニュ地方を訪れ、研修しての開発だったのです。こうして膨大な時間と費用を注ぎ、フランスのシャンパンの技術と、日本酒の伝統的な技を融合させた「MIZUBASHO PURE」が誕生しました。

グラスに注げばきめ細やかなシルキーな一筋泡が立ち上り、香味は楊貴妃を虜にしたライチのよう。今ではヨーロッパの三ツ星レストランをはじめ、世界各国のレストランに採用され、コース料理のスタートを彩っています。

永井氏はスパークリング日本酒の興隆を業界に呼びかけて、志を同じくする蔵を募って「一般社団法人awa酒協会」を立ち上げ、自ら理事長の任に就きました。世界の乾杯シーンでシャンパンやスパークリングワインと肩を並べる存在になることを目指し、awa酒の認定基準を規定。ブランドの品質維持と普及活動にも熱意を持って取り組んでいます。

かくして２０１６年に９蔵でスタートした協会も、２０１９年11月現在、23蔵が加盟。「水芭蕉」をはじめ「陸奥八仙」「南部美人」「出羽桜」「八海山」「黒龍」「真澄」「千代むすび」などの蔵元が名を連ねています。理事長は東京オリンピックを目前にして、インバウンドに向けての広報活動にも余念がありません。

尾瀬の山々からの贈り物

永井酒造は１８８６年（明治19年）に創業。初代がこの地の水と自然に惚れ込んで酒造りを始めました。奥利根の山々に降る雪が、百数十年の歳月をかけて尾瀬の地層で濾過され、その柔らかくふくらみがある水は、ほのかな甘さを感じさせます。蔵人たちは尾瀬の山々からの贈り物と呼んで誇りにしています。

その水を守るために、永井酒造では仕込み水が採れる沢の両側の森を少しずつ買い足し、自然の恵みをまるごと守る取り組みを代々続けています。また原料米には兵庫県産「山田錦」ほか、地元川場で栽培されるブランド米「雪ほたか」を使用。日本百名山に数えられる武尊山《ほたかやま》から流れ出るミネラルに富んだ天然水で育てられ、川場のテロワールを表現する米として珍重されています。

コース料理で楽しむ「NAGAI STYLE」

また「MIZUBASHO PURE」の完成により、世界へ羽ばたく次なる段階として「NAGAI STYLE」を打ち出しました。料理に合わせて、一連の流れで日本酒を提供してゆくスタイルです。

まずは「MIZUBASHO PURE」をSparkling sakeと位置付けて前菜とともに提供。次に従来のブランド酒（水芭蕉の純米吟醸や純米大吟醸など）をLight sakeとして魚介のメイン料理に合わせます。そして年代物の熟成酒Vintage sakeで肉料理のメインへと繋げ、食事の最後を締めくくるデザートとともにDessert sakeを提供するというもの。4カテゴリーの日本酒でコース料理とのペアリングを楽しむ提案で、業界初の試みとして注目されています。

Dessert sakeは蔵元の意欲作で、食後にゆったり楽しめる甘口の日本酒として7年の歳月をかけ開発されました。水の代わりに酒で仕込む貴醸酒として仕上げ、氷温のセラーで5年間以上の熟成後に出荷されます。メロンや黄桃を思わせる香り、とろりとした舌触りでボリュームがあり、濃醇な甘さに上品な酸がバランスのいい酒となっています。

28 「天鷹」てんたか　天鷹酒造　栃木県大田原市

オーガニック志向は世界のトレンド

食の世界ではオーガニック志向が高まっています。有機野菜、有機加工食品にこだわる理由は、安心安全だからでしょう。日本酒にも有機日本酒、オーガニック日本酒があります。しかし、有機米の日本酒を造るのは簡単なことではありません。

そもそも有機栽培米とは農林水産大臣が定めた有機ＪＡＳ制度の認定を受けた米のことで、認定には次のような厳しい条件があります。農薬・化学肥料・化学土壌改良材の不使用、過去3年以上農薬や化学肥料を使用せず、堆肥などで土づくりが行われた土地で栽培されていること、農薬などの飛散する恐れから近隣の農家でも農薬や化学肥料が使われていないこと。まずはこうした田んぼの確保が困難であり、栽培には途方もない労力が伴うのです。

そしてこの有機米を使うだけではオーガニック日本酒は名乗れません。醸造工程においても厳しいルールがあるのです。使用する設備や資材、清掃用ほうきの素材に至るまで化学物質を含んだものは使えず、器具の消毒にも化学薬品を使うことは不可。蔵の壁に合板を使うこともできず、清掃は洗剤ではなく熱湯を用いて行うことになっています。

日・米・欧で認められた有機日本酒

「天鷹」の醸造元・天鷹酒造は、栃木県那須高原の南端、那珂川などの清流に挟まれた田園地帯に蔵があります。1914年（大正3年）の創業以来、辛口酒にこだわり辛口酒のみを造ってきました。近年では全国的にも希有な「有機日本酒」の醸造蔵としても知られています。

代表銘柄の「天鷹」は、正式に「有機日本酒」と名乗れる数少ない酒。自社管理圃場にて、有機JAS認定農家とともに栽培した地元産「有機五百万石」を使い、醸造工程においても有機性を保ちつつ酒造りをしています。

2001年（平成13年）にJAS法が施行されると、2005年（平成17年）には有機農産物・有機加工食品も扱える有機認定事業者となり、続いて有機先進国の欧州連合やアメリカでの有機認証も取得しました。海外展開を視野に入れてのことと思われます。

2019年6月に「ブルックリン・クラ」や私の経営する「酒蔵イーストビレッジ」な

どＮＹで開催された日本酒イベントにも、積極的に出展。有機純米酒をアピールしていました。また、２０１７年全国新酒鑑評会では、日本で初めて有機日本酒として金賞を受賞しています。

こうした飛翔の陰には苦難の道のりもありました。２０１１年に発生した東日本大震災で甚大な被害に遭った天鷹酒造では、廃業か継続かの選択を迫られたそうです。このとき３代目蔵元・尾崎宗範氏は、有機日本酒を製造するにふさわしい蔵、より厳しい条件を保ち続けるための蔵の新設を決断したと語っています。

地元の米農家と造る世界水準の有機日本酒

「よい酒はよい原料から」という信念のもとに、米の品種、産地を厳選してきた天鷹酒造では、地元の農家と協力関係を築き、米作りからこだわった酒造りに取り組んでいます。米を育む田んぼの環境作りから直接携わり、天鷹にしかできない酒を醸したいと考えるためです。２０１８年には、有機原料米を生産する子会社「天鷹オーガニックファーム(株)」を設立。「有機五百万石」や「有機あさひの夢」を育てています。地元の米農家と造る世界水準の有機日本酒を目標に、酒造りは米作りからを実践しているのです。

それでは有機栽培米を使うと、日本酒の味わいにどう影響するのでしょうか。日本酒造りには精米・洗米などの工程があるため、残留している農薬はそのほとんどが除去されます。従って米に付着した農薬が日本酒に与える影響は極めて少ないと言われています。ただし、米はその土地の気候風土に大きく依存しているため、土壌に作用する農薬・化学肥料の影響がないとは言えず、発酵状態や味わいに影響すると考えられています。

有機栽培米は、一般に力強い米になると言われます。冷害や病虫害に対しても強い抵抗力を持ち、高度な精米にも耐えることが可能。そのため質の高い酒質を得ることもでき、味わい深い日本酒になると言われています。

「有機天鷹」の味わいの特徴は柔らかな酸味

最後に有機日本酒の代表的商品を味わってみましょう。

「天鷹　有機純米吟醸」は、柔らかな酸味とコクのある優しい味わいが第一印象の飲み心地。それらがハーモニーを奏で、ふっと肩の力が抜けるようです。吟醸酒ですが香りは控えめ、米由来のほんのりとした甘さなので、食事の邪魔をしません。飲み疲れしないので食中酒にもお薦めできます。

もう1本は「天鷹　有機純米酒」。「有機五百万石」と「有機あさひの夢」を原料米に、アルコール度15度に仕上げています。米の持つ力強い味わいと優しい酸味を感じる辛口タイプ。冷やよし、燗よしの幅広い飲み方が楽しめます。「純米酒」という言葉がなかった時代から、米だけの酒として純米酒造りに取り組んできた蔵の歴史がいかされています。

29 「堂島」どうじま　堂島酒醸造所　イギリス・ケンブリッジ市

日本企業によるヨーロッパ初の酒蔵

近年、クラフトビールやクラフトジンなどの手造りされたアルコール飲料が、あちこちで登場しています。クラフトSAKEもそうしたひとつで、2016年にはイギリス人がロンドンで「カンパイ・ロンドン・クラフト・サケ」を、2018年にはアメリカ人がNYで「ブルックリン・クラ」を開業して、SAKEへの世界的な関心の高まりを感じさせています。

2018年秋には、イギリスのケンブリッジに「堂島酒醸造所（Dojima sake Brewery）」がオープンしました。大阪にある堂島麦酒醸造所を母体にする酒蔵で、日本の蔵元として初めてヨーロッパに生産拠点を構えた醸造所です。欧州における現地人による酒造所はフランスやスペインにも例がありますが、日本人による操業は史上初。日本企業が設立したヨーロッパ初の酒蔵と聞いて、私は2019年春に堂島酒醸造所を訪ねました。ロンドンから北北東に約100㎞、学園都市ケンブリッジ郊外の広大な土地「フォーダムアビー」に蔵は建てられていました。緑豊かな10万坪という敷地内には、歴史的建造物に指定された18世紀のマナーハウスのたたずまいもあります。

私は早速、経営者の橋本良英さんに「なぜイギリスの地を選んだのか」を質問しました。橋本さんは概ね次のように話してくれました。

「私は大阪の生れで、ジャパニーズウイスキー発祥の地の隣町で育ちました。日本人はウイスキー製造の技術をイギリスから学んだのです。ですから今度はイギリスに日本酒の酒蔵を造って、この国に日本酒の素晴らしさを広めたいと考えたのです。それに日本は東洋の端っこにあって、欧州の人が日本酒を知りたいと思っても遠い。もっと世界中の人に酒を知ってもらえる場所、寄ってきやすい場所としてここを選びました」

なんという日本酒愛でしょうか。橋本さんの話からは、ただ酒を醸造するだけではない壮大な「企み」が、早くも見え隠れしていました。

氷河期の地層で浄化された仕込み水

　ここでまず国税庁の規定を紹介しますと、日本国外で製造される清酒は、日本の酒米を原料にしていても「日本酒」と呼ぶことはできません。海外では「ＳＡＫＥ」という呼び方が定着しています。

　それでは日本酒の素晴らしさを広めるために、橋本さんはどんなＳＡＫＥを造りたいのか、大いに気になるところです。

「私は大学卒業後26年間、大阪にある実家の寿酒造で酒造りに携わってきました。その後独立して大阪に地ビールを造る堂島麦酒醸造所を設立し、韓国やミャンマーでビール会社設立やリニューアルのお手伝いもする中で、いずれまた日本酒造りをするなら海外でと考えていました。それも酒の本質を知ってもらえるものを造りたかったのです。日本酒は過小評価されていると思うからです」

　またまた日本酒への熱い心がのぞきます。それでは構想から5年をかけて誕生した、「世界に最高品質の日本酒を提供するという夢」の象徴を紹介します。

　その名は「堂島」。兵庫県産「山田錦」を70％に精米し、徹底した温度管理と衛生管理のもと丁寧に仕込まれた純米酒です。優しい香りと芳醇な味わい、キレのよさとバランスのとれた仕上がりになっています。仕込みの技術は蔵元の出身地「摂津富田《せっつとんだ》」の醸造地域から受け継がれたもの。富田は酒造り５００年の伝統を持つ日本最古の銘醸地と言われます。そして仕込み水はフォーダムアビーの地下水。ここには氷河期の地層があり、浄化されたピュアな水が流れているとのことです。

売価1本15万円のワケ

驚くべきは値段です。720㎖で1000ポンド、日本円にしてざっと15万円なのです。

「日本酒の価値を高めたいのです。ヨーロッパでの販路を広げるにはワインに引けを取らないように、平均価格を上げる必要があります。日本酒は普通の吟醸酒でも10万円代のワインに匹敵する品質だと思うのです」と橋本さん。ミシュランの星付きレストランでは、5万円で酒がリストされていても、高級ワインに慣れた人たちからは安酒のレッテルを貼られてしまうとか。日本酒はこれまで過小評価されてきたと言うのです。

もう一本は「懸橋」。ケンブリッジと読ませます。日本と世界を繋ぐ文化の懸け橋にとの願いを込めたものです。こちらは貴醸酒で、最終工程で水の代わりに純米酒を使用。甘くトロリとした口当たりで、デザート酒として珍重されます。

これらの酒は2019年6月に大阪市で開催された「G20大阪サミット2019」の会場で、各国の参加者に提供されました。

堂島酒醸造所は日本文化のテーマパークとも言うべき複合施設を目指しているとのこと。ビジターを招いてのテイスティングイベントや酒蔵ツアーだけでなく、将来的には利き酒や酒粕料理のカフェ、季節の郷土料理を出す和食レストラン、酒粕パックのできるエステ、酒風呂スパ付きの宿泊施設なども構想。日本酒の価値向上に向けた橋本さんの夢は、イギリスの地でふくらみ続けています。

30 「Brooklyn Kura」ブルックリン・クラ
Brooklyn Kura　アメリカ・ニューヨーク市

日本酒の美味さに目覚めたアメリカ人

2018年1月、NYのブルックリンにSAKEの醸造所が誕生しました。その名も「ブルックリン蔵」、そして出されるSAKEが「ブルックリン・クラ」。

アメリカにはカリフォルニア州に大関や宝、月桂冠など4社の大手酒蔵が進出しているのをはじめ、オレゴンやテキサスなど主に西海岸寄りに現地地酒蔵が点在しています。しかし、NYは全く未開拓の地でした。世界中の手に入らないものはないと言われるNY

で、造りたての地元のSAKEだけはなかったのです。

蔵を立ち上げたのは二人のアメリカ人。金融関係のエキスパートだったブライアンと、生化学者として大学に勤務していたブランドンです。二人はNYにある日本酒バー「でしべる」で、冷酒で提供される日本酒に出会い、本当の美味さに目覚めたと語っています。

実は「でしべる」は私が経営するTICグループの飲食店の1軒で、日本各地の地酒を確かな温度管理の下に提供しています。これまで、アメリカの寿司レストランでは多くの場合、hot-sakeとして日本酒を燗酒で出しています。ブライアンはこうした酒を苦みが強くスピリッツのようだったと振り返ります。

二人は2013年、共通の友人の結婚式で日本を訪れた際、京都や飛騨高山の酒蔵巡りをします。そして益々日本酒の魅力に惹かれ、ついにアメリカでの酒造りを決意。酒の持つ美味しさや品質の素晴らしさをニューヨーカーに伝えたいと、一連の醸造過程を学んで帰国しました。

アメリカの米で仕込む純米吟醸

蔵の立地に選んだのはブルックリン。マンハッタン・ミッドタウンからは地下鉄で約30分。マンハッタンのイースト川を挟んだ東側、ブルックリン・ブリッジを渡った先にあり

タップルームで生酒を提供　奥にタンクが見える

ます。このウォーターフロントエリアは「インダストリー・シティ」と呼ばれ、19世紀にできた工場・倉庫が建ち並んでいます。それらが再開発でリノベーションされ、現在は洒落たトレンド発信地。多くのクリエイターやアーティストも注目し、住み着いています。

ブルックリン蔵は青いドアが目印です。オフィスビルのような外観ですが、中に入るとコンクリートが打ち放しのフロアに、カウンターとテーブルが並び、くつろげる雰囲気。カウンターの奥にガラス越しにタンクが見えます。奥で醸造されたＳＡＫＥが、タンクから直接タップルームに移されて、サーバーからワイングラスに注がれて提供されるというシステム。一部のＳＡＫＥは７２０㎖の瓶詰めで販売されています。

「ブルックリン蔵」の看板

リストには純米吟醸の生酒が数種類、載っています。使っている米はアーカンソー州の「山田錦」と、カリフォルニア州の「カルローズ」、仕込み水はブルックリンの水道水。NY北部のキャッツキル山地の雪解け水を溜めている湖から、送水管で水を調達しているので、NYの水は全米で最も綺麗な水のひとつと言われています。麹菌は日本から輸入し、酵母は日本産とアメリカ産のいろいろな種類を使用していると言います。

おりがらみ、しぼりたても提供

目指すのは華やかな香りと軽快な口当たりの純米吟醸酒。さらにおりがらみ、しぼりたて、米の粒がまた残っている醪など、現地生産ならではの生酒を提供していきたいと、二人は語っています。これらは瓶詰めで市内の飲食店やリカーショップにも販売されています。

タップルームでのおつまみにはピザ、チーズ、ハム、ソーセージなどがあり、地元の人たちが気軽に受け入れられそうなメニュー構成です。オープンは金・土・日の週末のみですが、昼間からテーブルもカウンターも満席状況。酒蔵というよりはカジュアルなレストランかカフェのような雰囲気なのも、人気の理由のようです。

一番よく出ているのは「＃14」だと言います。ほんのり熟れたピーチかハニーデューメロンの香りで、口当たりがよく、まろやかでスッと入ってしまう飲み口。もう一つは「Blue Door」で、こちらはバナナのような香りです。

ブルックリン蔵のオープンでＳＡＫＥへ関心が高まるＮＹでは、Sake Brooklynが蔵開設に向けて動き始め、日本からは旭酒造がハイドパークに蔵の着工をしました。ＮＹの酒シーンは今後益々多彩になっていくものと思われます。

その4

欧米での高い評価

31 「越乃寒梅」こしのかんばい　石本酒造　新潟県新潟市

幻の酒の衝撃

私に日本酒伝道師への道を決意させたのは、「越乃寒梅」との出合いでした。そもそも私は日本酒に関心が薄く、初めて飲んだビールもさして旨いとは思わなかったのです。

私は太平洋に臨む茨城県の港町・波崎で生まれました。漁師町なので酒屋、一杯飲み屋が身近にあり、早朝から海に出た漁師たちは、仕事帰りに昼酒をあおっていました。その光景は楽しそうにも見えましたが、時には酔っ払いの姿を目にすることもあり、子供心に思ったのです。酒は危ない水だと誰かが言っていたが、その正体を知りたいと思う反面、「君子危うきに近寄らず」が一番だと。

そんな私が初めて日本酒に開眼したのは、埼玉県にある妻・共子の実家に招かれた時でした。料理好きな共子の母親は、手料理の数々でもてなしてくれました。そこに登場したのが、当時から幻の酒と話題になっていた「越乃寒梅」でした。

私の人生に日本酒を口にする日が来るとは思ってもいなかったのですが、この歓待を受けないわけにはいきません。ままよ、と口に運ぶとなんということでしょう。故郷に帰ってきたかのような安らぎを覚え、体になじんでいくのを感じたのです。「ああ、日本酒はこんなにもリラックスできる飲み物なんだ」と、正直言ってかなりの衝撃でした。

ミッションに目覚めて

そのころ私の暮らすＮＹで一般に提供されていた日本酒は、熱燗で飲むスタイルでした。鼻にアルコール臭がツンとくるスピリッツのような飲み物…というのが平均的な評価だったのです。

しかし、この日私が飲んだ日本酒は、穏やかに体に染み渡る恵みの慈雨でした。これが日本酒本来の旨さならば、その魅力を私の周囲の人たちに知ってもらわなければと即座に思ったのです。いや、知ってもらうことが私のミッションだと決心したのでした。

こうして、そのころＮＹで営んでいた「波崎」という寿司屋で、お燗酒ではない日本酒を提供することにしました。「でしべる」というバーには、日本各地の地酒を集めてさまざまな温度帯で提供する試みも始めました。これは日本酒に関心を持つニューヨーカーの間で話題となり、後にブルックリンに初めて日本酒蔵を開くことになった二人のアメリカ人に、日本酒の魅力を焼き付けることになったのです。

寒梅の凜とした姿に志を重ね

「越乃寒梅」の石本酒造は、亀田郷と呼ばれる新潟市街のはずれに蔵を構えています。亀田郷は江戸時代から藤五郎梅の名産地であり、初春の残雪の中、寒さに堪え凜とした美しさを見せる梅の花に志を重ねて、「越乃寒梅」の名を付けたと言われています。その名は昭和の地酒ブームをリードし、「幻の酒」と讃えられたことで知られました。

１９０７年（明治40年）に創業した石本酒造が、この礎を築いたのは2代目蔵元石本省吾氏の時代でした。小柄で華奢な体躯なのに、酒の話になると眼光鋭く、背中に鉄筋が入ったかのような、一徹な信念の持ち主だったと伝わります。「旨酒造りにゴール無し」は、2代目の口癖で、戦中戦後、国策で原料の供給が制限された時代ですら、ひたすらに良い原料を求め、しかも米を磨くことを躊躇しなかったそうです。

幻の酒に火が付いて

そんな省吾氏に共鳴して、蔵へは雑誌『酒』の編集長佐々木久子氏が幾度も通い、宮尾登美子氏は『蔵』執筆の取材に訪れました。ここから「幻の酒」に火が付いたのです。しかしどんなにマスコミに取り上げられても、省吾氏は「身の丈に合った石数」にこだわり、増石することはなかったそうです。

現当主4代目の石本龍則氏は語ります。「水の如くさわりなく、すっと飲める酒を祖父は理想としました。濃淳な西の酒が全盛の時代、うちのような酒は異端でした」。にもかかわらず人気を集めたのはなぜか。蔵にお邪魔してその謎が解けました。

気配に支配された蔵

玄関に入ると、そこにはただならぬ空気がピンと張り詰めていました。一糸乱れずきっちりと並べられた来客用のスリッパ、磨き上げられた廊下。それを見ただけで思わず背筋が伸びます。

蔵内を見せていただくと、商品の安全性と衛生に対する配慮が随所に見られました。たとえば、タンクが並ぶ部屋の天井の照明には、全て落下防止のカバーが取り付けられています。麹室は乾湿の調整機能を備えた清潔な総ステンレス造

仕込み蔵には醸造の神・松尾さまを祭る祭壇が

り、酒母用の櫂棒はチタン製で櫂先には抗菌素材を使用、瓶詰めに至ってはクリーンルームの無菌室で行われるという徹底ぶり。そこに一貫しているのは、「ヒトの口に入るものを製造する」という緊張感、責任感でした。全神経を研ぎ澄まして臨む酒造りの気配が、建物の隅々にまで感じられて、私は身の引き締まる思いを覚えたのだと思います。

こうした空気感は一朝一夕にできあがるものではないはず。創業以来、代々の蔵元が抱いてきた信念の結晶なのでしょう。石本蔵元は語ります。「祖父は階段の裏は掃除したか、タンクの裏底はきれいにしたか。目に見えないところに雑菌がいる、と衛生環境にはとりわけ厳しい人でした」と。

受け継がれる一徹な信念

「越乃寒梅」は普通酒の「白ラベル」から純米吟醸の「灑」、純米大吟醸「無垢」「金無垢」、吟醸「特撰」「別撰」、大吟醸の「超特選」、それに自社の乙焼酎を加えた「特醸酒」までの限られたラインナップ。無濾過や生酒などは造らず、いつ飲んでも変わらない「越乃寒梅」の味を届けてくれます。自然環境に応じて採れる米の質が異なり、醸造環境も毎年異なる酒造りにおいて、頑なに「変わらない」ことを貫くには並々ならぬ努力が要るはずです。

どんな料理も受け入れてさりげなく引き立て、しかも飲み手に寄り添うような飲み心地の酒。飲み進めてなお飽きることがなく、酔い心地はあの残雪に咲く白い寒梅の如き清々しさ。「極めること、頑なであること、越乃寒梅であり続けること」を掲げて酒造りに臨む石本酒造。「越乃寒梅」には創業者以来の一徹な信念が受け継がれているのを感じます。

32 「南部美人」なんぶびじん　南部美人　岩手県二戸市

美味しい酒に国境はない

1997年、日本酒の海外輸出を志す蔵元が集まって日本酒の普及と国際化を支援する任意団体、「日本酒輸出協会」が起ち上げられました。海外にいた私たち飲食業者にとって、これこそ待っていた好機です。折しも日本酒ブームの波はアメリカにも押し寄せ、カルチャーとして興味を抱く人は少なくありませんでした。

アメリカ人会員に日本文化を紹介するジャパン・ソサエティーでは、早速、NYに来てほしいとオファーを出し、セミナーが開催されました。当時、輸出協会メンバーは約20社の蔵元さんでしたが、その中に岩手県二戸市で「南部美人」を醸造する若き日の久慈浩介氏がいたのです。

彼からは、美味しいに国境はない、世界に挑戦するんだという意気込みがひしひしと感じられ、私の経営する日本酒バー「でしべる」の店長も、久慈氏に一目惚れ。ジャパン・ソサエティーのセミナー終了後に、でしべるに飲みに来てほしいと誘いました。

後日、久慈氏が話してくれたのですが、「あのカオスにも似たでしべるの熱狂的世界は衝撃だった。カップルや男同士のニューヨーカーたちが顔を寄せ合い、酒談義しながら杯を交わしている。最先端NYでのその盛り上がりを見て、日本酒は世界に受け入れられると確信した」と。さらに「今では40カ国以上に輸出しているけれど、南部美人が海外に最初に渡った先はNYのでしべるだった」と公言していることも、私にとっては嬉しい事実です。

転機はNYの夜に突然

さて、久慈さんは日本でも指折りの多忙な蔵元といっても過言ではないでしょう。昨日は地元盛岡で販売戦略会議を指揮していたかと思えば、今日はオーストラリアで日本酒のキャンペーン、その2～3日後にはアフリカで日本酒の魅力を発信しているといった具合です。

こうして日本酒業界底上げに一心不乱の久慈さんですが、最初から日本酒一筋の人生設計ではありませんでした。若き日の久慈さんは教師になりたかったというのです。

転機は高校2年生ときに訪れました。岩手県で20名のひとりに選ばれてアメリカへ短期留学、オクラホマ州のホストファミリー宅で1カ月を過ごします。ホストのお父さんが大のワイン好きと聞いて、久慈青年は蔵の日本酒をお土産に持って行きました。お父さんはいたく感激して、「コースケは蔵を継ぐんだね、こんな美味い酒を造れて幸せだ」と言ったそうです。

しかし、いや僕は学校の先生になりたいんだ、と答えるコースケにお父さんの雷が炸裂しました。「馬鹿者、日本の伝統文化を担うのがどんなに偉大なことかわからないのか！君のお父さんがどんなにコースケを愛しているかわからないのか！」。来る日も来る日もお父さんのマインドコントロールは続きました。こうして帰路に着くわけですが、途中でNYに寄りエンパイアステートビルから夜景を一望。あまりの絶景にコースケ君は興奮を抑えることができなかったそうです。そして、「世界へ日本酒を持って行けるようにしたら面白いかも」と、稲妻が走ったというのです。

これが運命の啓示だったのでしょう。以来、東京農業大学醸造学科に進み、発酵学の第一人者と崇められる教授に導かれて、久慈さんは醸造の知識を深めていきました。

ドキュメンタリー映画に出演オファー

蔵は岩手県二戸市にて1902年（明治35年）に創業、当初の生産量は約50石と推定されています。浩介氏は2013年（平成25年）に代表取締役に就任、5代目蔵元になりました。

蔵元になってからの久慈さんの姿は、ドキュメンタリー映画「カンパイ！　世界が恋する日本酒」に出演したこともあって、ご存知の方も多いと思います。ハリウッド外国人記者クラブ所属の映画ジャーナリスト小西未来氏から出演依頼を受け、2015年に制作されたもの。

京都の木下酒造で杜氏を務めるイギリス人フィリップ・ハーパー氏、神奈川県に住むアメリカ人ジャーナリストのジョン・ゴントナー氏とともに、日本酒に魅せられ独自の信念の元に行動する人として、日常がドキュメントされていきます。

久慈さんは帰郷して2年目に造った大吟醸が全国新酒鑑評会で金賞を受賞するなど、新しい発想で酒造りに挑むほか、日本酒輸出協会のメンバーとして世界を飛び回り、日本酒の可能性拡大に尽力していることが描かれています。この作品は東京国際映画祭をはじめ各国の映画祭で評価され、ＪＡＬの機内上映作品にも選ばれています。

言葉や思想の壁を超えた市場へ

２０１９年の秋、久しぶりに二戸の蔵を訪ねると、「令和1酒造年度からレギュラーの3ラインはラベルが新しくなります」、と久慈さんは声を弾ませました。なぜならヴィーガン認証を世界で初めて取得した酒蔵だし、コーシャも既に取得、グルテンフリー認証も申請中だと言います。裏ラベルには英語表記も入るそうで、世界を視野に入れて日本酒を精力的に発信する久慈さんならではだと感じました。

ヴィーガン（完全菜食主義者）やグルテンフリー（小麦タンパクのグルテン不使用）は欧米での食生活トレンドであり、コーシャは世界基準で見ると安心安全の代名詞ともなっている認定です。製造工程から原材料や機器の洗浄法まで厳しい規定があり、準備してから1年以上かけて取得できたと語っていました。これらの認証マークを付けることにより、言葉や思想の壁を超えた世界市場に入っていくことができると久慈さんは考えたわけです。「日本酒を知らない世界でも戦っていくための手法のひとつだと思います」という言葉に、頼もしさを感じたのは言うまでもありません。

しかも郊外に建設した新蔵・馬仙峡蔵の敷地には、HCCAP（ハサップ）対応の瓶詰め蔵と冷蔵倉庫を新設。HCCAPとは安全を確保するための管理法で、食品衛生管理の国際基準。日本酒メーカーでの導入はまだほんの数例しかありません。久慈さんの世界的視野での取り組みには目を見張るばかりです。

　本社蔵にて手造りで造られたお酒も瓶詰め工程はこちらで行われ、瓶燗火入れと急冷ができる見事なラインが出来上がっていました。いま話題のawa酒製造も新蔵敷地に移設予定とのことで、南部美人の馬仙峡蔵は世界の注目の的になることと思われます。

欧米で食生活のトレンド「ヴィーガン」の認証を世界で最初に取得した

IWC「チャンピオン・サケ」に

こうした姿勢で臨んできた「南部美人」が、「チャンピオン・サケ」つまり世界一に認められたのは2017年のことです。「インターナショナル・ワイン・チャレンジ」、通称IWCは世界最大規模・最高権威に評価されるワインのコンペティションで、1984年に創立され、毎年ロンドンで審査会が行われてきました。ここに「ＳＡＫＥ部門」が設けられたのは２００７年のこと。純米酒や吟醸酒、本醸造酒、スパークリングなど9つのカテゴリーごとにブラインド・テイスティング審査が行われ、その成績により金メダル・銀メダル・銅メダルが授与されます。各カテゴリーで金メダルを獲得した酒のうち、最上のレベルに達していると認められたものに「トロフィー」という称号が与えられ、さらにその中から最も優れていると評価された酒が「チャンピオン・サケ」に選ばれるという非常に狭き門。

２０１７年には３９０社から9つのカテゴリーに合計１２４５銘柄がエントリーしました。９部門の各頂点・トロフィーに選ばれた蔵元がロンドンの表彰式に集まり、その中から、たったひとつだけが「チャンピオン・サケ」に選ばれるのです。このとき「南部美人」の出品酒は「特別純米酒」。大吟醸や純米大吟醸でなく、お手頃価格の純米酒でチャンピオンになったことにも意義があると感じました。

今や日本酒はワインの世界でも市民権を得た感がありますが、ＩＷＣのＳＡＫＥ部門創設には実は久慈さんたち若手蔵元の暗躍があったのです。久慈さんは次のように回顧しています。「日本酒に大きなムーブメントを起こすには、草の根運動だけでなく、スコールを降らせる必要がある。それには世界が最も注目するワインの世界に参加するしかない、と思ったのです」と。

ＩＷＣ出品酒の「南部美人特別純米酒」は、岩手の酒造好適米「ぎんおとめ」が使われています。この米は地元二戸にある自社田で、化学肥料をあまり使わずに育てられるもの。「こんな田んぼの中に蔵を建てたかったんです。諸事情でそれは叶いませんでしたが、ここにゲストハウスを建てようと思っています。田んぼの稲穂を眺めながら南部美人を飲んでいただきたいから」と夢を語りました。米作りからHACCPの国際基準による瓶詰めまで、久慈さんの酒造りには宮澤賢治の「銀河鉄道」にも似た壮大なロマンが感じられるのでした。

33 「八海山」はっかいさん　八海醸造　新潟県南魚沼市

地元南魚沼の郷土料理でもてなし

「八海山」を語るとき、忘れられないのが南雲仁《あい》さんです。八海醸造の先代社長・南雲和雄氏の奥様で、「酒蔵のおっかさま」と皆に親しまれてきました。社長の陰で蔵を支えた、まさしく母なる存在だったようです。

20歳で仁さんが嫁いできたとき、蔵は石高300石足らずの小規模企業でした。蔵にたくさん訪れる客人は、仁さんが手料理でもてなしたことは有名ですが、実はやりくりのためだったと後でご自身が明かしています。魚沼の野菜の美味しさを知ってもらいたいという思いもあったが、実は地野菜がう〜んと安いからだと。しかし、旬を生かした仁さんの手料理は、南魚沼の郷土料理として知られるようになっていきます。ゼンマイの煮物、木の芽のお浸し、巾着茄子の南蛮煮、野沢菜漬けのピリ辛煮……。仁さんの心づくしがずらりと並ぶ酒蔵の奥座敷は、いつの間にか大いなる営業の場となり、八海醸造の企業風土を形作っていったと、現社長の南雲二郎氏は語っています。

現社長が3代目であることからもわかるように、八海醸造は1922年（大正11年）創業と地酒蔵の中では比較的新しい蔵です。にもかかわらず今は3万石からの酒を造り、海外にも市場を広げる名酒蔵にと発展しています。

次々に広がる醸造・発酵分野

その原動力は何か。攻めの姿勢だと私は考察しています。清酒の製造のみならず、焼酎・梅酒・ビールの醸造、麹技術を生かした「あまさけ」や各種発酵食品の開発、米・

麹・発酵をテーマに多彩な魚沼食品を扱う「千年こうじや」の店舗展開と、同社の進展は留まるところを知らない勢いです。都心の「千年こうじや」にはBARスペースを設け、「八海山」と郷土食のマリアージュまで提供。「八海山」の素晴らしさだけでなく、その製品が生まれた背景をもアピールしているのです。

私が南雲氏と出会ったのは今から3年ほど前。ブームの兆しが見え始めたスパークリング日本酒・awa酒を、NYで提供したいと考えたことがきっかけでした。その頃日本では東京オリンピックを視野に入れ、外国人にも受け入れやすいスパークリング日本酒の普及を目指して、有志蔵が一般社団法人「awa酒協会」を起ち上げていました。八海醸造はこの志に一番名乗りを上げた酒蔵でした。

蔵には何度もお邪魔して、新しく建設した第二浩和蔵にも案内していただきました。ここは本醸造や普通酒を製造する場ですが、高品質を追求する姿勢に驚かされます。普通酒なのに吟醸造りで臨むため、わざわざ新設したのですから。吟醸蔵にはコンピュータ制御の洗米機があり、米の水分量を調整するために遠心分離機も導入していました。洗米や浸漬などの原料処理は、酒造りでも地味な工程ですが、そうした分野にも多額の設備投資を惜しみません。「八海山」は旨みがあるのに飲み飽きない、淡麗で辛口なのに深みがある、と評されるのは、クオリティを追求する厳しい信念の賜なのでしょう。

豪雪地帯魚沼地方を背景に

魚沼は周囲を越後三山などの峻厳な山々に囲まれ、冬には3メートルもの雪が降り積もる豪雪地域。ここには古くから、雪中に食品を貯蔵する「雪室」という生活の知恵がありました。八海醸造では千トンもの雪を使い、日本酒を雪中貯蔵して熟成させています。雪室で貯蔵すると酒はよりまろやかになると言われ、新しくリリースされた純米吟醸「雪室三年貯蔵」は確かに柔らかな飲み心地で、私のNYの店でも多くのアメリカ人から支持を得ています。魚沼という雪国ならではの暮らしから生れた知恵を、海外にまで認めさせた功績は賞賛に値すると思います。

総括すれば、八海醸造躍進の原動力は地元愛と言えるのではないか。私はそう考えます。「魚沼の里」に国内外から多くの人を呼び寄せる施設造りも、地元愛のなせる技でしょう。

魚沼ならではの食との出合いが楽しめる施設のひとつに、「みんなの社員食堂」があります。ここは「同じ釜の飯を食べる」ことに重きを置いて、気持ちをひとつにして酒造りをするための社員食堂。料理は「おっかさま」が客人をもてなした精神で作られているそうで、お昼の時間に限り社員以外の一般にも開放されています。地元食材と酒粕や麹を使った酒蔵の賄いは、体も気持ちも元気にしてくれると評判です。

こうした「魚沼の里」の整備の他にも、里山の環境保全を目的とした「植樹祭」が行われていることも特筆すべきでしょう。全ては、豊かな自然環境で酒造りができることへの感謝から。霊峰八海山の麓で、八海山からの名水「雷電様の水」を仕込み水にし、八海醸造の酒造りは続いていています。周囲を栃の大樹に囲まれて、巨岩から数条の滝となって湧出する水量には圧倒される思い。この水のある限り、「八海山」の酒造りは安泰だと感じます。

34 「一ノ蔵」いちのくら　一ノ蔵　宮城県大崎市

新市場の創設

「一ノ蔵」と言えばまず思い浮かぶのは「すず音」というお酒でしょう。米の優しい香りと柔らかな甘酸っぱさ、そしてシュワシュワなめらかな喉越しで、今では一般的になったスパークリング日本酒のパイオニア的存在。瓶内二次発酵によってもたらされる炭酸ガスは、爽やかで心地よい刺激を与えてくれます。その後も、「はなめくすず音」や「幸せの黄色いすず音」とシリーズ化され、「すず音 Wabi（わび）」「すず音GALA（がら）」と進化して、今やIWCやKura Masterの海外コンペティションでも高い評価を得ています。「すず音」が発売されたのは1998年というから、もう20年以上も前のこと。乾杯にはビールしかない時代だったのに、それだけ株式会社一ノ蔵は先駆けの精神に富んだ企業と言えます。

そして今、私は新たな驚きを持って「一ノ蔵」の先進性に出合ってしまいました。長期熟成酒「MADENA（までな）」です。世界3大酒精強化ワインのひとつ、マデイラワインの製法「酒精強化」を日本酒に応用したもので、さらに地元鳴子温泉の地熱で熟成させているそう。いわば和洋折衷のお酒で面白いと思います。その琥珀色の液体はトロリと甘く、カラメルかドライフルーツのような香りがします。これはナッツやブルーチーズと合わせ食後酒として提供したら、さぞや喜ばれるだろうと思ったのでした。こんな発見ができるのも蔵元訪問の醍醐味です。

世界農業遺産の里山で

2019年の秋、私は「一ノ蔵」の本社蔵に初めてお邪魔しました。場所は宮城県大崎市、最寄りの松山町駅には7代目蔵元・鈴木整氏のにこやかに出迎える姿がありました。鈴木氏はいつも温厚でユーモアに富み、お会いするたびに安らぎを憶えます。

宮城県と言えば国内有数の米どころ。大崎市は「ササニシキ」や「ひとめぼれ」などの産地として知られる穀倉地帯です。肥沃な土壌が受け継がれてきた一帯は2017年「日本農業遺産」に、さらに国連食糧農業機関により「世界農業遺産」にも認定されています。

そんな伝統ある米どころに、1973年（昭和48年）、県内の酒蔵4社が経営統合して「一ノ蔵」が設立されたのです。「一ノ蔵」という社名には4社がひとつの蔵になったこと、日本一の蔵（オンリーワン）を目指すという二つの意味が込められ、ロゴマークには「人菱」が採用されました。

「これは上から枡を見たものなんです。組み方は通常は益々入るようにと『入枡』ですが、私どもは4人が集まったので組み方が反対の『人枡』にしました」と鈴木氏。

4社の人が集まったことをシンボライズするロゴマークが、本社蔵の塔屋に高々と掲げられています。敷地は東京ドーム3個分にも相当する広大さ。周囲は山林で明らかに空気が違います。その清々しさにまず驚きました。

「4蔵が合併したとき、この地の恵まれた環境と共生して酒造りを行うことで合意し、私どもはスタートしました」と、鈴木氏は広大な土地を所有する背景を説明しました。優れた米の産地であることに加え、ここには酒造りに適した豊富な地下水があるからで、その水資源を維持するには里山ごと環境を守る必要があると言うのです。そのために社をあげて、植樹、間伐、下草刈りなど環境保全活動にも取り組んでいるそうです。

環境保全型の農業を推進

こうした理念は必然的に農業部門「一ノ蔵農社」の設立に繋がります。自社で使用する酒米を栽培し、米作りの段階から酒の品質向上と環境負荷低減を目指そうというわけです。現在、「ササニシキ」「蔵の華」などを栽培しています。

「一ノ蔵農社は2004年に設立しました。減農薬・有機栽培に取り組む契約農家を開拓するとともに、休耕田の活用にも取り組んで持続可能な農業を支援しています。地元大崎市の環境保全型農業の推進にお役に立てればと考えているのです」

酒造りの原点は農業、との思いが鈴木氏からは伝わってきました。このように減農薬・有機栽培にこだわるのは、酒の品質追求だけでなく安定供給にも繋がるからだと言います。1993年は、全国的な悪天候により稀にみる凶作の年でした。宮城県内でも多くの圃場が冷害の犠牲になりましたが、そうした中で平年並みの収穫量を上げていたのが有機栽培に取り組む農家であることを知ったそうです。こうした農法が冷害対策にもなること を学んだわけです。原料米の確保は酒の安定供給に不可欠、以来、一ノ蔵は減農薬・有機農法推進へとシフトしていきます。

「でも1万6000石の酒を醸造するには、この町の田んぼを全部使うぐらい米が必要なんです。農社でまかなえるのはその数%にすぎません。贅沢な米作りをしているので収量が多くないし」。しかし、農業に参加することでその年の米の状態が早くから把握できることが大きなメリットだと、鈴木氏は語りました。

病院と神社の空気感

応接室でひとしきりレクチャーを受けた後、蔵内巡りをしました。近代的な建物に新しい醸造道具、ゆとりあるスペースとクリーンな環境は、さすがに21世紀を見据えて建てられた蔵。病院のような清浄な空気と、祈りの場の神聖な空気が混在するように感じられ、一ノ蔵創業にかかわった4社の若きリーダーたちが、新しい酒造りに描いた夢が偲ばれます。

しかし、鈴木氏は語ります。「基本は手造りによる仕込みです。米を蒸すのに使うのは甑ですし、麹は箱や麹蓋を用いて造ります。仕込みには開放タンクを使い、人の手で櫂入れをしています」と。近代的な仕込みのスペースに神棚が設けられていたのが印象的でした。

最後に1階の試飲コーナーに案内されました。まず一番に試したいのは仕込み水。敷地内の2本の井戸から汲み上げるという大松沢丘陵の地下水は、軟らかく、喉越しがなめらかでした。次にロングセラー商品「一ノ蔵無鑑査本醸造」は、是非とも味わいたい一品です。発売時の1977年（昭和52年）には級別制度があり、酒類審議会の審査によって特級、一級、二級に分けられていたのです。一ノ蔵ではこうした制度に対抗してあえて審査に出さず、一級クラスを二級として発売。ラベルには「弊社の良心により厳しく監査されています。しかし、本当に鑑定されるのはあなた自身です」と明示されていました。これが市場の支持を得て、級別制度が廃止となっても今なお宮城県の銘酒として愛されているのです。

35 「浦霞」うらかすみ　佐浦　宮城県塩釜市

鹽竈神社の御神酒酒屋として

「浦霞」の蔵は宮城県塩釜市、太平洋に面した港町にあります。ちょうど仙台と松島の中間に位置し、風光明媚な塩釜の浦は、平安の時代から古今集などの歌に詠まれてきました。この塩釜の浦に、春の訪れを告げる穏やかな風情を詠んだ源実朝の歌から、「浦霞」という酒銘は命名されたと言われます。

また、この街のシンボル鹽竈神社は千年以上の歴史があり、武家社会になってからは平泉の藤原氏はじめ、仙台藩伊達氏などの崇敬を集めた名刹。1724年（享保9年）に創業した「浦霞」の醸造元・佐浦は、この塩釜神社の御神酒酒屋です。

佐浦の13代目蔵元・佐浦弘一氏は語ります。「浦霞の酒造りには地域性の表現が欠かせません」と。日本有数の米どころ宮城県の米と、三陸沖の豊富な海の幸を生かす酒造りを目標に掲げてきたと言います。

確かに宮城は「ササニシキ」「ひとめぼれ」などの美味しい銘柄米の産地です。そして塩釜は全国屈指の鮪の水揚げ港であり、松島湾の牡蠣もよく知られています。こうした魚介類と相性のいい酒が、「浦霞」の特長となっているわけです。そう言えば塩釜は寿司屋が多いことでも知られています。2019年の秋、塩釜に蔵を訪ねたのですが、このとき駅前で寿司と「浦霞」が楽しめる店の市街マップを手渡されたのも納得です。

Classic and Elegantを信条に

蔵元の佐浦弘一氏は、若き日にニューヨーク大学の修士課程で経営学を学び、広い見識と優れたマネジメント力で蔵を牽引しています。「家業」から「家業の良さを生かした企業」への脱皮を構想して、東松島市に矢本蔵の新設、新社屋の建設、「うらかすみ日本酒塾」の開講など次々に手腕を発揮してきました。「浦霞を楽しむ夕べ」「浦霞ほろ酔い寄席」「旬どきうまいもの自慢会みやぎ」などのイベントを企画、「浦霞」ファンの拡大にも余念がありません。

2011年の東日本大震災では、本社蔵は震度6強の強震により土蔵造りの仕込み蔵は外壁が崩落。冠水した機械類は故障し、3万本の瓶詰め酒が破損したと記録されています。地震と津波による被害は甚大だったようですが、今回、蔵にお邪魔して見事に復旧していることを目の当たりにしました。

基本は手造りで蒸し米はスコップで手掘りする

蔵内の設備に機械らしい機械はなく、基本に忠実、手造りを貫いていると言います。ちょうど蒸し米が仕上がったところでしたが、若い蔵人がスコップで手掘りしていました。需要の大きな蔵なのに、こうした姿勢に伝統と高品質を大事にする蔵元の信念がのぞきます。また佐浦氏は日本酒造青年協議会会長、日本酒造組合中央会需要開発委員会委員長、宮城県酒造組合会長を歴任し、2019年現在、日本酒造組合中央会副会長を務めています。

蔵は白壁土蔵造り、店舗は瓦葺き千本格子の風情あるたたずまいを見せていました。「品格のある酒」（Classic and Elegant）を信条として、ほどよい米の旨み、味と香りが調和したまろやかで上品な味わいを目指してい

宮城県塩釜市、太平洋に面した港町にある「浦霞」の佐浦は白壁土蔵造り

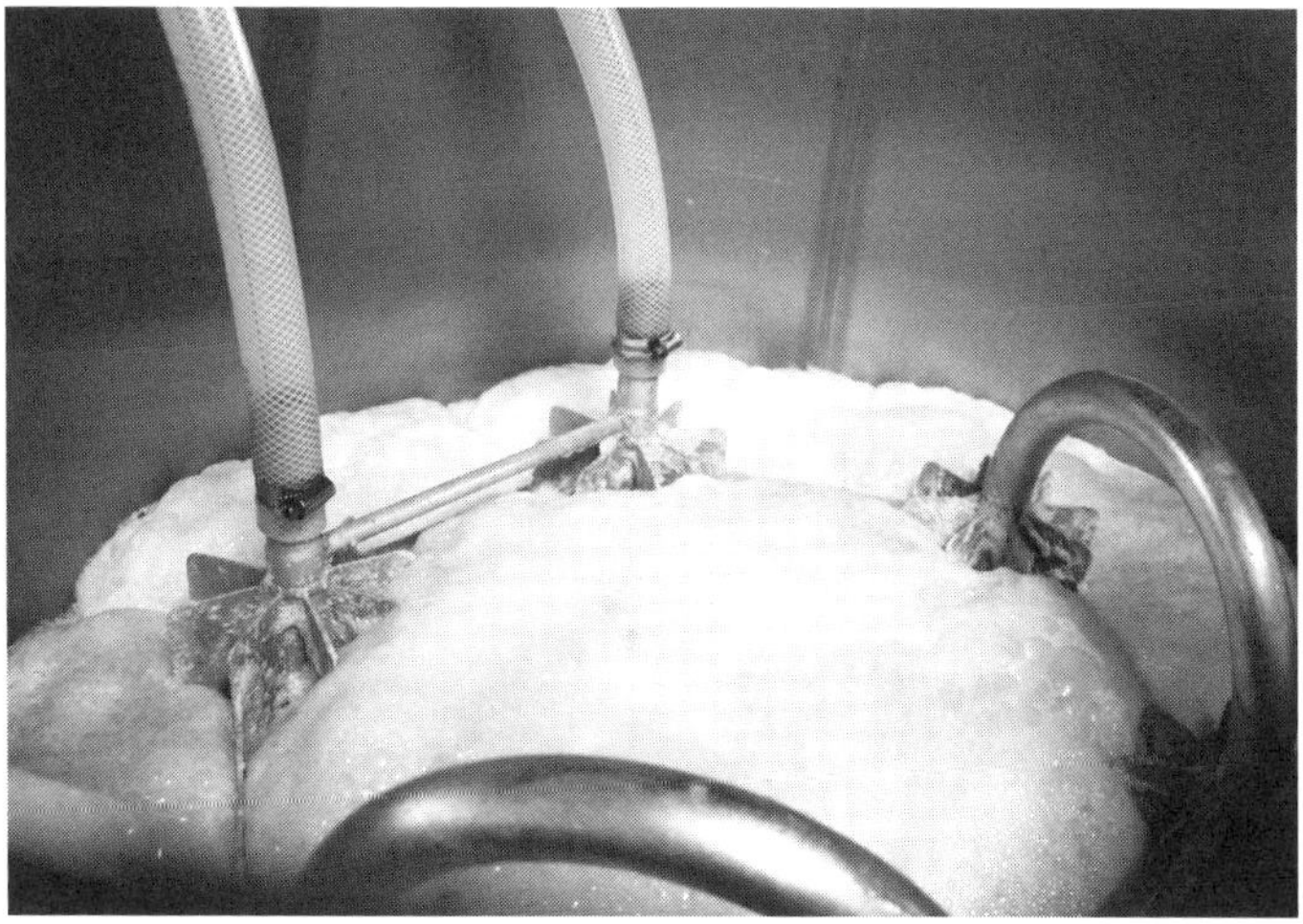

もこもこと逞しく発酵中の酒母

ると言います。食事とともに楽しむ酒、ほのぼのとした酔い心地の酒、地域の食文化に合った酒造りを重視しているということです。

なお、自家酵母「浦霞酵母」は、優れた吟醸香を生み出す酵母として、1986年に日本醸造協会により協会12号酵母として登録されました。

看板商品「浦霞禅」

さて「浦霞」を語る上で欠かせないのは1973年（昭和48年）に売り出された「浦霞禅」という酒です。

「当社は吟醸タイプの酒が得意なんですが、世の中がそういう酒を求めていなかったため、なかなか発売できませんでした。それで鑑評会用に造った吟醸酒は、一般の酒に混ぜて出していたんです。吟醸酒を一般向けにリーズナブルな価格で出したいという思いは強かったですね」と、蔵元はこの酒発売の背景を明かしました。

「禅」は現在純米吟醸酒ですが、発売当初はアルコールを添加した吟醸酒だったのです。開発のきっかけは、佐浦家と懇意にしていた松島瑞巌寺で修行した僧侶が、パリに禅の布教に行くことになったため。フランスに輸出しようと考えてこの酒が誕生したと伝わります。当時は輸出の手続きが煩雑だったため、フランスへの輸出はかなわず、結果的に国内向けで市販されることになりました。吟香はほどよく、味はすっきりと淡麗で、しかも澄んだ味の酒を目標に仕込まれたこの酒は、やがて地酒ブームが本格的になるにつれ人気に火が付きました。「でも吟味して造るから大量生産できなかったんです」。純米吟醸酒になったのは昭和50年代半ばのことでした。ちなみに現在はフランスへも輸出されています。

現代の名工が支えた酒造り

この「浦霞禅」を世に出したのは、名誉杜氏の故・平野重一氏です。南部杜氏を代表する名杜氏と謳われた平野佐五郎に師事し、佐五郎の浦霞杜氏就任に従って１９４９年（昭和24年）より佐浦で働きました。その約10年後には佐五郎の酒造りと精神を受け継ぎ、杜氏として佐浦の酒造りを指揮します。実に半世紀以上にわたって「浦霞」を支えてきたわけです。

数々の鑑評会において受賞を重ねるとともに、１９７３年（昭和48年）には「浦霞禅」を世に出し、「浦霞」の名をさらに高めて名杜氏としての評価を確固たるものとしました。杜氏、製造部長として製造を統括した後、２００７年より名誉杜氏に就任。後進の育成に努めますが、２０１６年5月に逝去されました。受賞歴は輝かしく、全国新酒鑑評会では金賞25回、南部杜氏自醸清酒鑑評会では38回入賞。１９８９年には現代の名工として労働大臣表彰を授与されています。

最後に幾種類かの「浦霞」を試飲させてもらいました。一番印象に残ったのはやはり純米吟醸「浦霞禅」。ほどよい香りに柔らかな口当たりで、淡麗ながらも旨みもしっかり感じられます。確かに食事を引き立ててくれそうなその味わいに、塩釜の寿司を食べてみたくなりました。

36 「久保田」くぼた　朝日酒造　新潟県長岡市

美しい里山にあって

「久保田」の醸造元・朝日酒造は、新潟県長岡市に蔵を構えています。30年近くかけて2012年に竣工した新しい蔵は、とても近代的だと聞いていたので、かねてから機会があればお邪魔したいと思っていました。ステンドグラスに飾られたエントランスホールや、農業生産法人「有限会社あさひ農研」を設立しての米作り、蛍の里づくりやもみじの里づくりの地域活動も興味深く、田んぼと里山に囲まれた自然環境にも心惹かれていました。

朝日酒造の近代的なたたずまい

２０１９年、そのチャンスが訪れました。あいにく社長の細田康氏はご不在でしたが、営業本部海外事業部長の斎藤好一氏が迎えてくれました。前から知りたいと思っていた「久保田」の国内外における販路の推移、そして何よりブランディングに込めた思いをお聞きしたのです。

斉藤氏は丁寧に説明した後で、『久保田を超えて』という本を手渡し、こう言いました。「ここには久保田に込められた我が社の熱い思いがドキュメントされています。ご参考になさってください」

後日、この本を読んで私は感動を禁じ得ませんでした。

中越地震が蔵を襲った

2004年10月23日、新潟県は中越地震に襲われました。朝日酒造のある長岡は震度6強、蔵も甚大な被害に見舞われたのです。10月も下旬となれば酒造りが佳境に入る時期、タンクでは「久保田」など多くの酒が発酵中でした。電気も水道も止まる中、杜氏や蔵人は醪の救済策を必死で探します。なんとかできるなら商品にしたい。誰の思いも同じでした。

「アルコールを添加しなければ、発酵が収らず酒がもたない」と杜氏が判断したとき、当時の社長・平沢修氏は言いました。

「全部捨てよう」。あまりに潔い決断でした。停電のために酒の製造管理ができない空白の時間を危惧したのです。

「全部のタンクの醪を捨てる。水がつけば米も黴びるなら、米も全部捨てよう」。その量は酒にしたら約4000石分、中規模の酒蔵の年間生産量に匹敵する数字です。誰しも言葉を失いました。しかし、品質本位を看板に掲げる朝日酒造にとって、管理のできていない酒を売るわけにはいかなかったのでしょう。後日、久保田会の会長はこの話を聞いて言ったそうです。「『地震を乗り超えた』ことをウリにした酒もある中で、安全を期して全量廃棄したとは、平沢社長は私たちの誇りです。朝日酒造への信頼はますます深まりました」と。

社長の毅然たる姿勢に社員は復旧に一丸となって取り組みました。ライフラインは復旧せず、交通は分断されたまま。被災した地区に住む社員は2週間もの間、会社の駐車場に止めた車に寝泊まりして出勤を続けたそうです。

社運を賭けた勝負酒

「久保田」が誕生するまで朝日酒造の看板商品は「朝日山」でした。地元の人たちの定番酒、毎晩飲む酒として親しまれてきました。しかし1970年代後半、ディスカウンターと呼ばれる店が登場すると、日本酒業界は苦難に直面します。安売り合戦の時代の到来です。多くの酒造メーカーが変革を余儀なくされました。

朝日酒造も例外ではありません。当時の社長・平沢亭氏は新しいブランドを構想します。薄利多売路線ではなく、新商品で勝負することに決め、新潟醸造試験場の場長を説得して工場長に迎えました。「新潟の酒を全国に認められる酒にしたい」という場長の信念と、「淡麗辛口の県下で最高の酒を造りたい」という平沢社長の思いが一致して、新商品の開発が始まります。

基本設計は東京の日本酒好きに飲んでもらえる高級酒、商標・容器・外装全てに高級感を備えて愛飲することがステータスシンボルとなる銘柄、でした。コクのある酒が得意の朝日酒造にとって、淡麗辛口に挑むことは並大抵の苦労ではなかったはず。しかし、工場長の鬼気迫る執念に現場は突き動かされる日々だったそうです。

販売戦略の勝利

こうして1985年（昭和60年）5月、新商品はリリースされます。酒銘は「久保田」、朝日酒造の屋号を冠し社運を賭けた勝負酒の誕生でした。酒質は品格のある淡麗辛口、スッキリとしてキレのある味わい。産業構造が肉体労働から頭脳労働中心に変わって、味覚嗜好も「重厚長大」から「軽薄短小」「高付加価値」に変わり始めた時代でした。その流れに合わせての新商品だったのです。

ラベルには手漉きの和紙を使用、消滅の危機と背中合わせにあった越後の和紙文化は、「久保田」によって守られることになりました。

「久保田」が全国区になった陰には販売戦略にもあったようです。特定の酒販店のみが扱えるシステムを築き上げました。「久保田」の良さを理解してもらえる酒販店のみが「特約店」として販売ができる仕組みです。これを「久保田会」といい、加盟した酒販店の力が新潟を代表する銘柄へと育て上げる原動力となったのです。

最後に「久保田」のシリーズ展開をご紹介しましょう。

●百寿　辛口で飲み飽きしない特別本醸造
●千寿　香り穏やかな食事と楽しむ吟醸酒
●紅寿　冷酒からぬる燗まで楽しめる純米吟醸
●碧寿　ぬる燗が美味しい山廃純米大吟醸
●萬寿　久保田シリーズ最高峰の純米大吟醸

37　「梵」ぼん　加藤吉平商店　福井県鯖江市

酒銘「梵」に込めた思い

福井県鯖江市に蔵を構える加藤吉平商店。代表銘柄は「梵」です。この名前、日本語では「ぼん」と読みますが、サンスクリット語に由来する言葉で、「清浄・神聖なもの」という意味を持つそうです。英語表記は「BORN」で、「輝く未来の誕生」を、フランス語では「素晴らしい」の意味を込めていると11代目蔵元の加藤団秀《あつひで》氏は説明しています。

「心理を探求して輝く未来を創る」という日本人の本質を酒で表す意味も込めているそうです。短い言葉ながらさまざまな国で発音しやすく、さらに各国語において素晴らしい意味を持っていることに感服します。

また国の式典やイベントでよく選ばれる酒であることも、驚嘆に値します。昭和天皇の御大典の儀に際して使われたのを始め、国賓の歓迎晩餐会やいろいろな国際イベントでの乾杯酒にもなっています。JRが民営化される際の鏡開きに使われたのも「梵」でした。

蔵のある鯖江市は、近くを九頭竜川水系の日野川が流れており、古の時代に越前と呼ばれていた頃から米作りの盛んな土地です。初めは、「越の井」という銘柄の日本酒を造っていて、その中で最上位の日本酒のみに「梵」という名が付けられていました。現在のように全てが「梵」に統一されたのは、1963年（昭和38年）のことです。

転機は北陸清酒鑑評会

酒造業としての創業は1860年（万延元年）。江戸幕府大老・井伊直弼が暗殺された桜田門外の変が起きた年です。

この蔵元の転機は、大正時代後期から昭和の初期にかけて訪れます。北陸清酒鑑評会において4年連続トップを受賞したことがきっかけになりました。この実績が評価され19

28年（昭和3年）、昭和天皇の即位の儀式（御大典の儀）で使われる日本酒に採用されました。

それを皮切りに、数々の政府主催の式典などに使用され、近年では、国内はもちろん、アメリカやカナダ政府主催の式典にも採用され、世界の要人が集まる席で活躍する日本酒になっています。

その加藤吉平商店の誇る蔵随一の名酒と言っても過言ではないのが、皇室献上品でもある「梵　超吟」です。気品ある青紫（皇室の色であるヴェネチアン・ブルー・ブラック）に輝く瓶。皇室の紋章である菊を刷り込んだ手漉き和紙の封冠。黄金の鳳凰が対となって「梵」の玉を支えている様相。そのビジュアルだけとっても、日本酒の代表として遜色のない矜持と品格を感じます。

麹米として用いられているのは、酒造好適米としては当代随一と言われる「山田錦」。その米を精米歩合20％という究極の数字にまで磨きをかけています。ちなみに精米歩合とは、雑味を除き酒質を向上させるために米を磨いて、元の米の何％になったか、という割合のこと。数字が小さいほど磨かれていることになります。「梵　超吟」は「山田錦」の8割を削って、造られていることになります。

さらに深さ184mの井戸から汲み上げた白山連峰の伏流水と、完全自社酵母を用いて醸造。加えて5年熟成させてあるため、その味はなめらかさの中にシャープさと味わい深さを備えた、感動的なものに仕上がっていると蔵元は語っています。

海外輸出は100カ国を達成

品評会での受賞歴も華やかで、直近では「全米日本酒歓評会」という大会において、2010年から2015年にかけて6年連続で、純米部門で金賞を受賞しています。その功績が認められて、製造元の加藤吉平商店は2015年に、唯一1社だけに授与される「エメラルド賞」という賞を受けています。

現在海外では、多数の在外公館において数多く「梵」が指名採用され、各国の公式行事晩餐酒として使用されています。2019年3月に100カ国への輸出を達成し、日本で最初の「100カ国輸出蔵」となりました。内訳は民間へ40数カ国、在外公館へは70数カ国となっています。

あらゆる賞で最高評価を受けているのは「梵　特撰　純米大吟醸」です。兵庫県の特A地区契約栽培米の「山田錦」を38%まで磨いて原料米に使い、0℃以下で1~2年氷温熟成された酒がブレンドされた純米大吟醸酒です。グレープフルーツのような香りがあり、骨格のしっかりしたなめらかで深い味の芳醇旨口酒。純米大吟醸酒定番の名品です。

また「梵　日本の翼」は、同じ「山田錦」を使用し、0℃以下で約2年間熟成された精米歩合20％の純米大吟醸酒と精米歩合35％の純米大吟醸酒を、出荷直前に1：1の割合でブレンドした純米大吟醸酒です。日本政府専用機の正式機内酒で、世界のトップに供されています。

38 「萬歳楽」まんざいらく　小堀酒造店　石川県白山市

白山の雪解け水が生んだ「加賀の菊酒」

北陸地方の山々の中でひときわ白く輝く白山。古くから霊山信仰の聖地として崇められてきました。麓に暮らす人々にとって白山は聖域であり、命の水を供給してくれる神々の座だったのです。今もこの山の雪解け水は手取川、九頭竜川、庄川などの大河となって大地を潤し、美酒を醸し出す源になっています。

手取川のほとりに開けた白山市鶴来には、白山信仰の総本宮があり、古くから門前町として賑わいました。室町時代から酒造りが始まり、江戸元禄期には11軒の造り酒屋があったと伝わっています。この地で造られる通称「加賀の菊酒」は、権勢を奮った太閤秀吉が「醍醐の花見」で振る舞ったと言われ、当時から珍重されていたことを物語っています。

この「菊酒」の仕込みに使われるのは手取川の伏流水。白山周辺の古い地層からは豊富に水が湧き出ていますが、白山から鶴来に至る距離が酒造りに適したミネラルバランスの名水にしているようです。今もこの街には全国に知られる銘醸蔵が5軒も残っています。

「菊酒」の呼称については、手取川の上流には古くから野生の菊が群生し、その滴を受けて流れる水は「菊水」と呼ばれた故とされています。中国には、菊の滴水は不老長寿の薬になるとの言い伝えがあり、九月九日の重陽の宴では菊の花を浮かべた酒を飲んでいたようです。

「森の吟醸蔵白山」で醸される「萬歳楽」

「萬歳楽」の看板を掲げる小堀酒造店は、この鶴来の古い町並みに建っています。江戸時代享保年間の創業から300年余りの歴史があり、風格をまとった商家のたたずまいを見せています。

代表銘柄の「萬歳楽」は古来より、めでたい席で披露された舞楽「萬歳楽」に由来し、よろずの祝い事にふさわしい酒にとの願いが込められています。2001年（平成13年）

には鶴来蔵から車で10分ほどの白山麓に「森の吟醸蔵白山」が完成、当初は吟醸専用蔵でしたが現在は全ての仕込みがここで行われています。自然との調和を目的に建てられたもので、杉木立に囲まれたログハウスのような蔵では、計り知れない時をかけて浄化された白山の雪解け水を使い、「萬歳楽」は醸されています。標高200m付近にある専用井戸から汲み上げるその水は、白山からのかけがえのない恵み。

この水に感謝して「菊酒」の伝統を受け継ぎ守るため、白山市の5蔵で「白山菊酒」の産地呼称規定を作り、2005年（平成17年）には国内初の地理的表示「白山」を取得しました。「GI白山」のロゴマークに宿る誇らしい思いが伝わってきます。ちなみに5蔵は「萬歳楽」ほか、「菊姫」「天狗舞」「手取川」「高砂」の醸造元です。

海外でも評価される風土色濃い「萬歳楽」

こうして白山の恵みにより生れる「萬歳楽」は白山のように凛とした風情を目指している、と蔵元は語っています。確かにほどよい旨みと酸味があって、後口が軽い「萬歳楽」には、きりっとした品格が感じられます。手取川流域の清浄な空気感が醸されているのです。

「萬歳楽　剱（つるぎ）山廃純米」はシリーズを代表する商品のひとつ。地元白山麓で栽培される「五百万石」を使い、山廃で仕込まれています。香りは穏やかで落ち着いていますが、旨みや酸味はしっかりと感じられ、凛と筋の通った味わい。全体的に濃厚ですが、辛口でスッキリとキレよく設計されていて、食事と楽しめる酒です。なお、蔵のある鶴来は江戸時代「劔」と表記されていたことにちなむ酒銘です。

また希少な酒造好適米「北陸12号」を使ったものに「萬歳楽　甚　純米」があります。石川県でこの米を使っているのは小堀酒造店のみ。白山麓で独自栽培しています。交配によって生まれた酒米としてはかなり初期のもので、「美山錦」の祖母にあたるそう。この酒が2019年フランスで開催の第3回Kura Masterにて、純米部門の金賞を受賞しました。藁と土の香りが懐かしさを誘う素朴な風情が、ヨーロッパでも評価される時代になったのだと思います。

39 「李白」りはく　李白酒造　島根県松江市

日本酒発祥の地で出雲杜氏が受け継ぐ技

李白酒造は島根県松江市で「李白」を造る蔵元です。松江は緑と水の都として知られ、宍道湖や松江城、小泉八雲が思い浮かびます。そして宍道湖のシジミや白魚、日本海のカニも美味しい美食の街。トビウオをすり身にして焼き上げた名物「あご野焼き」、島根和牛や出雲蕎麦も忘れてはいけません。宍道湖を紅に染めて沈む夕景を眺めながら、そんな郷土の味とともに楽しみたいのが松江の銘酒「李白」です。

「李白」という名前は、松江出身の内閣総理大臣であった若槻禮次郎が命名したもの。酒を愛し、酒を讃えた詩で知られる中国唐代の詩人・酒仙李白に由来しています。味があり、旨みがあってキレのいい酒、食中酒として食事を美味しくさせる酒、そんな酒質を目指して「李白」は醸されてきました。地元の食文化とともに育ってきたので、郷土料理と合わせて美味しい酒、地元で愛される酒であってこその地酒、と蔵元は語っています。

また八岐大蛇《やまたのおろち》伝説が残る島根県は、「日本酒発祥の地」とされています。『日本書紀』に登場する須佐之男命《すさのおのみこと》が、八岐大蛇を退治するために造らせたという八塩折之酒（やしおりのさけ）。諸説あるようですが、これが日本酒の原形と言われています。

この逸話に加えて、稲作が盛んで水が豊か、しかも出雲杜氏の膝元の松江は、酒造りに不可欠な米・水・杜氏の条件を難なくクリア。最盛期には30以上もの酒蔵が存在したのも頷けます。

酒仙李白の詩の世界を理想に

李白酒造の創業は1882年（明治15年）。松江城にほど近く、のどかな風景が広がる地で、「石橋の名水」の井戸水を使った酒造りが始まりました。松江には多くの湧き水ポイントがあり、「石橋の名水」は江戸時代の地図にも見られる古くからの井戸。酒の醸造に使われる良質の水で、現在は島根の名水百選になっています。

杜氏を務めるのは2005年（平成17年）に就任した出雲杜氏の大廻長信《おおさこおさのぶ》氏。島根県を拠点とする出雲杜氏が蔵を預かり、「芳醇・まろやか・後ギレいい旨口」という、島根酒の典型とも言える酒を造っています。

大廻杜氏渾身の代表作は「李白　大吟醸　月下独酌」です。「李白」の中で最高級にランクされるこの酒は、酒仙李白の名作にちなむもの。「花咲く木々のもと、壺いっぱいに満ちた酒。独り酌んでは飲むだけで、ともに親しむ相手はいない」と詠んだ『月下独酌』の世界を表現すべく、サラリと透き通る仕上がりです。穏やかで上品な香り、ふくらみのある味わいの中にもスッキリとしたキレの良さが特徴。月夜の晩に盃に注いで、「我歌えば月徘徊し、我舞えば影繚乱す」の独酌の風情を味わってみたくなります。

花酵母の酒で新たな世界にも飛翔

松江藩松平18万6千石の城下町松江で、出雲神話に出てくる伝統の酒造りを引き継ぐ出雲杜氏の手により、清酒「李白」を醸し続けてきた李白酒造。理念は「基本に忠実」であることだと言います。米は「山田錦」「五百万石」「神の舞」など酒造好適米をほぼ全量使用、精米もほぼ全量自社精米機で行っています。

また「酒文化を普及し正しく後世に継承する」というモットーを掲げ、海外へ日本酒文化を普及することにも意欲的。約30年前に始めた海外輸出も現在では、香港、アメリカ、韓国、シンガポール、ブラジル、ドイツへと広がり、売上高の3割に及んでいるそう。島根県蔵元の総輸出額の半分以上を占めて、ダントツのトップに位置しています。

その陰には、酒の名前を憶えてもらいやすいように、純米吟醸には「Wandering Poet（放浪の詩人）」、特別純米のにごり酒には「Dreamy Clouds（夢の雲）」のニックネームを付けるなどの工夫が見られ、精力的に活動してきたことが功を奏しているのだと思います。

5代目蔵元の田中裕一郎氏が蔵に戻ってからは、東京農大の花酵母を使った酒造りにも取り組み始めました。「牡丹」「ベゴニア」「ツルバラ」「シャクナゲ」「アベリア」などを使用していますが、中でも珍しい商品は「李白　花酵母・黒米仕込　生貯蔵酒　華露～

CARO～」。古代米の「紫黒米」を「牡丹」酵母で仕込んだもので、見た目はロゼワイン。ほんのりした甘みと米の旨みが感じられる日本酒です。是非ともグラスに注いで楽しんでほしい、オシャレ度満点の仕上がりとなっています。

40「七田」しちだ　天山酒造　佐賀県小城市

秀峰天山の麓に建つ巨大酒蔵

「七田」の醸造元・天山酒造の蔵は、佐賀県小城市にあります。小城市は県の中央にそびえ立つ天山の南麓に位置し、肥前小城藩の城下町として栄えました。今も小京都を思わせる風情ある町並みが残っています。

天山は玄界灘と有明海に水を分ける分水嶺で、山肌に染み入る雨は祇園川となって流れ、その伏流水はこの地の産業を支えてきました。七田家はこの豊かな清流を利用して水車業、製粉・製麺業を始めます。鎖国中の日本が海外へ積極的に目を向け、勝海舟が咸臨丸でアメリカへ初航海を行った頃のことです。水車業としては、地元の造り酒屋から酒米の精米も引き受けていましたが、１８７５年（明治8年）、廃業する蔵元から酒蔵の購入依頼を受けて、酒造業をスタートさせます。

それからおよそ１５０年、蔵の巨大なたたずまいには圧倒されます。創業当時に建てられた明治蔵、その東に大正蔵と昭和蔵が平行して増築され、いずれも国の登録有形文化財。10月1日の「日本酒の日」には「全国一斉日本酒で乾杯」が行われていますが、この運動は佐賀で産声を上げたもの。焼酎文化圏の九州にあって、日本酒を盛り上げようとの熱い思いは佐賀が発信地でした。

東京での勝負酒として生れたた「七田」

現当主は6代目蔵元・七田健介氏。地元酒としては「天山」ブランドが普通酒からハレの日の酒までをラインナップしていますが、２００1年に新ブランド「七田」が起ち上げられました。食中酒を念頭に米の旨みを生かしたタイプで、東京で勝負したいとの思いが込められたそうです。なるほど、しっかりとした旨みが楽しめ、なめらかな飲み口の酒。「七田純米吟醸　無濾過」は、「山田錦」と「さがの華」を使い、白桃を思わせる瑞々しい香りと繊細で穏やかな味わいの酒となっています。

また6代目は「日本酒輸出協会」の視察ツアーに参加したときのことを、次のように語っています。「ニューヨークのでしべるで黒人が美味しそうに日本酒を飲んでいる光景を目にし、ぞくぞくと鳥肌が立った。言葉が通じなくても美味しいものは国境を越えて人を笑顔にする。日本酒は当たり前に海外に受け入れられる日がくると確信した」と。

この「でしべる」とは、私がNYのイーストビレッジで経営している日本酒バーのことです。かくして七田氏は1997年からアメリカと香港への輸出をスタートさせました。

基本理念は「不易流行」

天山酒造が大切にしてきたのは、「不易流行」だといいます。これは松尾芭蕉の俳句の言葉で、変えてはいけないものはそのままに、変えるべきものについては常に新しい表現を取り入れていく姿勢のこと。品質第一に地域の良さを生かした酒造りが「不易」で、消費者のライフスタイルに合わせ失敗を恐れずにチャレンジすることが「流行」になると、蔵元は説明しています。

「七田　純米吟醸　雄町50」は、フランスで開催される日本酒コンクール「Kura Master」にて、輝かしい成績を残しています。2017年には550点の出品銘柄中、最高賞のプレジデント賞を、2018年には純米大吟醸&純米吟醸部門でプラチナ賞を受賞。これは「不易」の結果がもたらした「流行」の勝利と言えるでしょう。

米へのこだわりは創業以来ですが、近年はあまり米を磨かずに造る試みに取り組んでいます。「七割五分磨きシリーズ」がそれで、いい米だからこそあえて磨かずに旨みを表現。「愛山」「山田錦」「雄町」「山田穂」などの人気銘柄米を使い、米によって異なる旨みを堪能させてくれます。

また、「awa酒協会」のメンバーとしてスパークリング日本酒の開発にもチャレンジしました。「スパークリング Dosage Zero」は、ミネラリーで繊細な飲み心地が印象的。蜂蜜や爽やかなミントを感じる酒で、天山酒造の基本理念を見事に証明する商品と言えます。

41 「勝山」かつやま　勝山酒造　宮城県仙台市

伊達家62万石の御用酒屋として

毎年ロンドンで開催されるＩＷＣ（インターナショナル・ワイン・チャレンジ）は、世界最大規模かつ世界最高権威に位置づけられるワインのコンペティション。ここにＳＡＫ

E部門が設けられ、多くの日本酒が出品されています。

2019年には「勝山　純米吟醸　献」が9つのカテゴリーを代表する「チャンピオン・サケ」に選ばれました。純米・純米吟醸・純米大吟醸・吟醸・大吟醸・本醸造・普通酒・古酒・スパークリングの9つの各カテゴリーにおいて、ゴールドメダルに輝いた出品酒のうち、それ以上のレベルに達しているものに「トロフィー」が与えられ、それらトロフィー受賞酒の中から9カテゴリーの最高賞として「チャンピオン・サケ」の称号が授与されるのです。つまり全日本酒の頂点に立つ酒というわけです。

この名誉に浴した「勝山」は、宮城県仙台市に蔵を構える勝山酒造の主要ブランドです。1688〜1704年の元禄年間に創業し、およそ350年にわたって仙台を代表する銘酒蔵としての歴史を紡いできました。伊達政宗を藩祖とする伊達家62万石の城下町・仙台。1857年（安政4年）には伊達家より御酒御用酒屋を拝命しています。

勝ち星続きの「勝山　純米吟醸　献」

「勝山」の名の由来は「勝ち星を山のように取る」という縁起を担ぐ説と、江戸時代の女性の間で人気の高かった「勝山髷」にちなむという説があります。

「勝山　純米吟醸　献」はまさしく「勝ち星を山のように取る」を体現した酒。2019

年の「チャンピオン・サケ」獲得に先立って、２０１５年・２０１６年の「SAKE COMPETITION」において純米吟醸部門での2年連続1位に選ばれています。これは日本一美味しい市販酒を決める品評会で、出品酒世界最多のコンペティションです。この酒に使う米は全量「山田錦」、精米歩合は50％、上品な香りと米の旨みが美しく調和した味わい豊かな酒に仕上がっています。

「勝山」最高峰のラグジュアリー酒は、純米大吟醸「DIAMOND AKATUKI」です。兵庫県産最上格付けの「山田錦」を35％に磨き上げ、精緻な造りと遠心搾りによって米の旨みのエッセンスを瓶に封じ込めたと蔵元は紹介。酒蔵のあらゆる技術と手間を惜しみなく注ぎ込み、「液体のダイヤモンド」の名にふさわしい美酒と歌い上げています。

遠心搾りは酒質が劣化しないように発案された技術。勝山酒造では遠心分離機を導入し、この究極の搾りによって、高純度な酒のエッセンスを酒粕から分離することに成功しています。

テロワールを豊かに醸すために

２００５年には、仙台市内に構えていた蔵を山に囲まれた自然豊かな地、泉ヶ岳の麓へ移転しました。市街地から車で30分ほどの場所です。

仕込み水はこの山の麓、地下70mから汲み上げています。硬度35の軟水ですがミネラル成分シリカを多く含み、シリカは美容界でも注目されています。人体にシリカが不足するとシミ、シワ、抜け毛などの症状が現れると言われています。水質は柔らかで綺麗な酒造りに適しています。この水に潤わされて、一帯は米を中心とした穀倉地帯になっています。

また移転したタイミングで、冬の間だけの酒造りから秋・冬・春までの3季醸造に切り替えました。そして毎日1本のタンクを仕込んでいたスケジュールを、なんと1週間にタンク1本というゆとりある仕込みに変更。目の行き届いた贅沢な造りの体制で全神経を研ぎ澄まし、タイミングを見逃すことなく微生物の環境を整えているのです。社名に「仙台伊達家」を冠していることに、恥じない矜持が感じられる蔵です。

42 「奥の松」おくのまつ　奥の松酒造　福島県二本松市

福島の地酒としての誇りを酒銘に

福島県二本松市に蔵を構える奥の松酒造。その歴史は古く、1716年（享保元年）に遡ります。2016年には創業300年の佳節を迎え、300周年記念酒が発売されました。「山田錦」を自家精米にて30％にまで磨き上げ、安達太良山の伏流水を仕込み水に、「伊兵衛の吟醸蔵」と讃えられた技を使って醸し出された珠玉の一本。袋吊りによって滴り落ちた「雫酒」の味わいは、いかばかりだったかと空想しています。

蔵元である遊佐家は江戸時代、奥州二本松藩に菜種油を販売する油商だったため、当初は「油屋酒造店」の名でした。明治の世には「千石酒屋」として繁栄します。「石」とは酒の単位で、「1石」は180ℓで一升瓶100本に相当。つまり「千石」とは、一升瓶10万本のこと。非常に多くのというたとえでもあります。

この蔵が「奥の松」と改称したのは1916年（大正5年）のこと。奥州二本松の「奥」と「松」からとって「奥の松」の商標を登録、東北福島の地酒としての誇りがその名に込められました。そして大正末期から昭和初期の16代目伊兵衛のころ、旨い吟醸酒の蔵元として名を成していきます。1935年（昭和10年）には全国名誉賞杯を皮切りに連続受賞を達成し、「伊兵衛の吟醸蔵」と讃えられました。

阿武隈山と安達太良山に挟まれた地で

東に阿武隈山、西には高村光太郎の「智恵子抄」にも詩われた安達太良山を望む二本松市。奥の松酒造の八千代蔵は、智恵子の言う「本当の空」が広がる大自然の懐に抱かれた地にあります。澄んだ大気に包まれて夏は涼しく、冬は雪が降れば根雪となる厳寒な気候。酒の醸造、貯蔵には恵まれた環境と言えるでしょう。

ちなみに「智恵子抄」で知られる女流画家・高村智恵子の生家は、造り酒屋でした。明治の初期に建てられた生家には、新酒ができたことを伝える杉玉が下がり、当時の面影そのままに復元されています。

仕込み水に使うのは、水齢約40年と推定される名水「安達太良山の伏流水」。安達太良山に降り積もった雪は、やがて地面に染み込み、40年余りの歳月をかけて清冽な水脈となります。ミネラル分をバランス良く含み、酒造りに理想的な水とされています。

伝統と革新を信条に

現当主は19代目となる遊佐丈治氏。「伝統と革新」を信条に、常に進化を志向する柔軟な姿勢で酒造りを指揮しています。２００１年、業界ではいち早くパストライザー（瓶詰め後殺菌設備）を導入して酒質の向上を図ったのをはじめ、製造ラインには至る所で工夫を凝らしたオリジナルの機械化が見られます。メンテナンスも機械メーカー任せにせず、道具としての使いやすさを追求。道具を使いこなして、よりよい酒を造り、また安定供給することが目的と遊佐蔵元は熱く語っていました。

フラッグシップとなる商品はまず「大吟醸雫酒十八代伊兵衛」。全国新酒鑑評会では2019年現在11年連続金賞を受賞し、2018年にはＩＷＣチャンピオン・サケに輝きました。気品あふれる芳醇な吟醸香、柔らかくなめらかな喉越し、手間のかかる雫酒ならではの繊細な味わいで喝采を浴びています。

そしてもう一本は「純米大吟醸プレミアムスパークリング」。贅沢な香りと味わいの発泡性日本酒で、フォーミュラニッポンやＭＦＪ全日本ロードレース選手権のシャンパンファイトに使われ、「表彰台の美酒」として知られています。

その5
地域の歴史と文化を背負って

43 「陸奥八仙」むつはっせん　八戸酒造　青森県八戸市

漁師町で愛されてきた「陸奥男山」

「陸奥八仙」の醸造元・八戸酒造の蔵は、青森県の東部、太平洋に面する八戸市にあります。ここは新鮮な海の幸に恵まれた美食の街。酒も郷土料理も素晴らしく、全国各地からグルメ志向の人たちを集めています。

全国有数の水揚げ量を誇る八戸港の魚介類を並べた市場「八食センター」、郷土料理と地酒が楽しめる屋台村「みろく横丁」は、その代表。ウニやホタテの刺身、八戸前沖サバを使った料理や八戸せんべい汁を肴に、土地の酒をあおるのは至福の時間です。

この八戸で地酒を醸すのが八戸酒造。1775年（安永4年）創業の老舗蔵で、創業銘柄「陸奥男山」は、地元の漁師町で愛されてきた辛口の男酒として知られています。看板商品「陸奥男山　超辛純米酒」は、口当たりはスッキリとした旨みを感じ、舌触りなめらか。喉越しにピンとしたキレを感じさせるドライな味わいで、どんな料理にも合います。が、やっぱり魚介類がベストパートナー。さすがに海の男御用達です。

弟が造り、兄が売る「陸奥八仙」

8代目蔵元・駒井庄三郎氏は、青森の地酒として県産の米と酵母にこだわっています。駒井蔵元の経営戦略のもと、9代目となる長男の秀介氏と弟の伸介氏が中心になって起ち上げたのが「陸奥八仙」。中国の故事、八人の酒の仙人の物語「酔八仙」では、酒仙たちのさまざまな逸話や興味深い酒の楽しみ方が語られていますが、酒仙の境地で酒を楽しんでほしいとの思いを込めてこの名が付けられました。

弟の伸介氏が醸造責任者、兄の秀介氏が全国に営業をかけ、なめらかな口当たりとみずみずしい甘さ、キレのある後味で多くの地酒ファンを魅了していきます。看板商品の「陸奥八仙　特別純米　赤ラベル」は、「華吹雪」と「まっしぐら」を使用米にした芳醇旨口タイプで、果実を思わせる甘い香りと清々しい甘み・酸味の調和が心地いいと評価されています。魚介類との相性も抜群。フランスで開催の「Kura Master 2019」では純米酒部門でプラチナ賞を受賞しました。

酒蔵ツーリズムを構想

いまや順風満帆の八戸酒造ですが、苦難の時代もありました。1944年（昭和19

年）、戦時下の企業整備により管内16の酒蔵が企業合同を余儀なくされ、6代目は新たに設立された八戸酒類の初代社長に就任します。しかし8代目の時に八戸酒類を離脱、駒井家所有の蔵の明け渡しと商標使用差し止め問題などと戦うことになります。現在の蔵に戻れるまで長い歳月がかかりました。こうした中での「陸奥八仙」のスタートだったのです。

しかし裁判に勝訴して蔵を取り戻し、多大な設備投資により醸造環境の整備が終えた今、駒井親子は新たな夢の青写真を描いています。酒造りを通じて地域の魅力を発信することです。使用する米や酵母を地元産にするだけでなく、酒蔵を拠点にした酒蔵ツーリズムの実現。つまり周辺エリアを観光コンテンツにして、県内外から観光客の滞在できる街の構築を考えているのです。

周辺には朝市から飲んべえ横丁まで

八戸酒造には年間5000人もの人が蔵見学に訪れているそうで、八戸港の魚介類を並べた「八食センター」、郷土料理と地酒が楽しめる屋台村「みろく横丁」などとともに、八戸を代表する観光スポットにもなっています。事実、大正時代に建築された煉瓦蔵、土蔵、木造の店舗兼母屋は国の登録有形文化財、県の景観重要建造物になっていて、歴史を感じさせるたたずまいは圧巻です。

蔵周辺にはまだ魅力ある名所がいろいろあります。たとえば最寄り駅・陸奥湊駅の前に広がる市営の魚菜小売市場は、「イサバのカッチャ」と呼ばれる威勢のいいおばちゃんたちで知られる朝市。そして蔵の西側を流れる新井田川の河口には、日曜の朝に巨大な「館鼻岸壁」の朝市が出現します。

市街地には八戸のディープな夜に浸れる昭和レトロな路地がいっぱい。迷路のような八戸横丁の飲み歩きが満喫できます。夜明けから深夜まで八戸はパワフルに人を呼び、飽きさせない街と言えます。そのためには、蔵のある湊町をじっくり滞在できる街にしたいと蔵元は考えているのです。何年か後、八戸酒造の蔵がある湊町はどんな風に変わっているのか。訪問してみたいと思っています。

44 「〆張鶴」しめはりつる　宮尾酒造　新潟県村上市

三面川を遡上する鮭とともに

「〆張鶴」で知られる宮尾酒造は、新潟県最北端の日本海に面した村上市にあります。村上市は酒どころ新潟にあってもとりわけ醸造に適した街。美味しい米が作れる場所であり、美味しい水に恵まれた地であるからです。良質な酒造好適米「五百万石」や「高嶺錦」の主要産地であり、鮭が産卵のために遡上する清流・三面川（みおもてがわ）に潤わされて、資源の豊かさを誇っています。

蔵の敷地内にある井戸から汲み上げられるのは、この三面川の伏流水。きめ細かく柔らかな軟水を仕込み水に造られる酒は、すっきりとした綺麗な味わいになると言われています。また村上の食文化は古くから三面川の鮭とともにありました。正月料理に欠かせない「塩引き鮭」を軒下に吊して乾燥させる光景は冬の風物詩、そして酒のお供には「鮭の酒浸し」。ルビーの如く輝くはらこから、骨やヒレに至るまで余すことなく使う鮭料理の数は、百種類を超えると言われています。「〆張鶴」はこうした鮭料理と一番相性がいいことは言うまでもありません。

主張しすぎることのない品格

「〆張鶴」のラインナップの中で最も人気を集めているのは、「純米吟醸　純」でしょう。地元産の酒米「五百万石」を50％に磨いて造ったもので、控えめで優雅な香りとまろやかな口当たりの酒です。それでいて日本酒度＋3と軽快なキレ味で、飲み飽きしません。料理と一緒に飲んでも邪魔することなく、料理と酒のどちらの良さも引き立てます。一年を通じてどんなシーンにも合わせられますが、強いて言うなら季節の野菜や魚介の天ぷらがいいかもしれません。冷やして、またはぬるめの燗で味わいたい食中酒です。

また「大吟醸　金ラベル」は「山田錦」を35％に磨き上げた最高級品です。メロンのようなフルーティーな香り、口に入れると喉の奥でスーッと消えるような繊細な味わい、そしてほどよい余韻と、バランスのいい仕上がりが心地よさを感じさせます。

「〆張鶴」には大吟醸から普通酒までそろっていますが、共通しているのは完成度の高さです。主張しすぎることのない品格の高さ、安心感を与える安定度。その背景にある造り手の真摯な姿勢が垣間見えるかのようです。

純米酒の先駆け「純」

創業は1819年（文政2年）。屋号を大関屋といい、古くは廻船業も営んでいたと記録に残されています。宮尾家には多くの古文書が保管され、開業当時からの酒造りの道具も残されていて、いかに大切に酒造りをしていたかがわかります。銘柄の「〆張鶴」は、神聖な酒を迎えるために張る〆縄と、古くからの酒名「若鶴」を合わせて誕生したと伝わります。

宮尾酒造では1965～1974年（昭和40年代）から、全国では珍しい純米酒造りを始めていたそうです。そこで生まれた「〆張鶴　純米吟醸　純」は、今では純米酒といえば当たり前にどこの蔵でも造っていますが、純米酒の先駆け的な酒でした。

「〆張鶴」の味わいはスッキリとした口当たりですが、ふくよかな味のふくらみと豊かな旨み、そしてキレを伴ってさり気なく消えていく綺麗な後味の酒です。11代目蔵元の宮尾佳明氏は「淡麗旨口――当蔵の酒質を言葉にすれば、こんな表現になるでしょうか」と説明しています。

創業200周年の佳節を迎えた2019年、「〆張鶴」に新たに純米大吟醸が加わりました。純米大吟醸は過去に2回ほど販売されたことがありますが、正式にラインナップに加わるのは今回が初めてとのこと。製造は30数年前に始まって、毎年造り続けて研究を重ねてきたと言います。その慎重さに敬服するとともに、200周年を機にさらに品質を突き詰めていこうとする企業姿勢を感じて厳粛な気持ちになりました。

45 「手取川」てどりがわ　吉田酒造店　石川県白山市

「酒の命は水」との理念で

一級河川・手取川は石川県の主に白山市を流れて日本海へと注いでいます。市の南部、岐阜県との県境にそびえる豪雪地帯・白山に源を発し、その豊富な水量は流域に米作りを広げてきました。

白山市山島地区には銘酒「手取川」の醸造元・吉田酒造店があります。山島地区はかつて八束穂《やつかほ》の地と呼ばれていました。これは「たわわに実る稲穂」を意味し、古くから米の名産地だったことがわかります。

吉田酒造店では、酒の命は水であるという理念から地域を潤す「手取川」をブランド名にしたと公言しています。そして豊かな手取川の伏流水と、同じ水で育てられる良質な米を使い、地域の風土と伝統文化に培われた地酒を継承するために、地元の自然を守り、環境作り、米作りから酒造りに取り組んできました。「農業を守り、農家を守り、米を守る。これが水を守り、環境を守り、文化を未来へと繋げる」との信念で、事業を運営しているのです。

酒造りの村だった山島地区

吉田酒造店の創業は1870年（明治3年）。2020年で創業150年になります。白山からの豊かな伏流水と、手取川流域の実り多き良質の酒米に恵まれて、かつては十数軒の造り酒屋が存在し、酒造りの村と言われた山島地区ですが、現在はこの酒蔵のみとなってしまいました。

代表ブランドは「手取川」。トップ商品は「手取川　山廃仕込み　純米大吟醸」でしょう。能登杜氏の技で造られた最上級の山廃とされ、爽やかな吟醸香と深みのある味わいのハーモニーはさすがです。使用米は「山田錦」で米由来の旨みもたっぷり、切れ味はスッキリしています。

また地元産の米を使ったものに「手取川　純米吟醸　石川門　生原酒」があります。蔵のある山島地区で契約農家が育成した酒米「石川門」を原料に、米の特徴を十分に味わえるよう無濾過生原酒で仕上げています。青リンゴや洋梨をかじったような爽やかな香りに、フレッシュな酸味、口全体を優しく包み込む穏やかな甘みが特徴です。

もうひとつ「吉田蔵」というブランドがあり、こちらは地元に徹底的にこだわったチャレンジャーシリーズ。地元の酒米と金沢酵母を使い、白山からの伏流水と能登杜氏の技で仕込んだものです。

県オリジナル品種を積極採用

「石川門」は石川県オリジナル品種の酒造好適米です。「石川独自の米で、石川でしか造れない美味しい酒を造る」という目標の下、県内の酒造会社、米生産者、農業研究者が協力して誕生しました。

十数年の歳月をかけた品種改良や試験栽培の結果、石川県農業総合研究センターで育種された酒造好適米「石川酒52号」が、「石川門」という名称を取得したのです。「石川門」は酒造りに理解のある4軒の酒米農家で栽培され、収穫された米は6社の酒造会社が試醸造に取り組みました。その結果、米の味がしっかり伝わる純米酒や純米吟醸酒になったと報告されています。吟醸酒造りにも適した高品質の酒造好適米が生れたのです。

そして２００８年（平成20年）から本格醸造が始まりました。実際、吟醸酒造りに適しているとの評価で、特に金沢国税局で分離された金沢酵母（14号酵母）との組み合わせによる純米吟醸が人気のようです。しなやかで上品な旨みに、さらりとした枯淡の風合いが魅力とコメントされています。

46 「天青」てんせい 熊澤酒造 神奈川県茅ヶ崎市

湘南の風を感じさせる酒を

神奈川県には蔵元が多くはありませんが、厚木市の「かながわ蔵元屋」を訪れると県下13蔵の酒がそろっています。神奈川県酒造組合が運営するもので、全銘柄およそ１００種の地酒が一堂に会し、情報も提供しています。その情報によれば、多くの蔵は相模川や酒《さか》匂川《わがわ》の流域に点在し、これらの伏流水を仕込み水としているそうです。その源を辿ると自然豊かな丹沢山系で、日本の三大名水のひとつとのこと。「箱根山」「丹沢山」などの銘柄が目に付くのもそんな理由でしょうか。

こうした中で海辺の町をうたい文句にしているのが、茅ヶ崎市の熊澤酒造です。神奈川の地酒としては異色の存在と言えるでしょう。1872年（明治5年）に創業して以来、湘南の風土に根付いた酒を手造りしてきました。その頃からの銘柄は「曙光（しょこう）」で、茅ヶ崎の浜辺から昇る美しい日の出から命名されたと伝わります。

しかし、この蔵が全国的に知られるようになるのは、6代目蔵元の熊澤茂吉《もきち》さんがアメリカ留学から戻ってからのこと。1993年（平成5年）、熊澤さんは弱冠24歳で蔵の跡継ぎになりました。実はその頃、熊澤酒造は蔵を閉める決断を下そうとしていたんだそうです。

若き跡継ぎの奇想天外な挑戦

そこから熊澤さんの起死回生の挑戦が始まりました。それまで出稼ぎ杜氏に任せていた酒造りを止めて地元の若者を通年雇用し、湘南らしい個性のある酒造りを追求。研究開発と同時に、蔵人の手があく夏場はクラフトビールの仕込みに取り組みました。さらにビールの醸造過程で生れる栄養価の高い沈殿酵母は、パン作りに活用。熊澤酒造の敷地に、ビール工房とベーカリーを構えることになったのです。

こうして2000年、5年の歳月を経て新ブランド「天青」が生まれました。名水で知られる丹沢系の伏流水を仕込み水にして、生酒の風味を生かすために「瓶燗火入れ」の製法を採用。瓶詰め後に湯煎殺菌する手間のかかる手法です。

ブランド名の「天青」とは、中国の故事にある「雨過天青雲破処（うかてんせいくもやぶれるところ）」という言葉からとったもの。雨の過ぎ去った後の雲の切れ間から見える空のような色、という意味で中国では最高の青磁の色をこう呼ぶそうです。「我々もその幻と言われる『雨過天青青磁』のような、突き抜けるような涼やかさと潤いに満ちた味わいを目指した酒造りに励んでいます」と蔵元は語っています。

想像力掻き立てる「千峰」「吟望」「風露」

シリーズの骨格を成すのは4種類。「突き抜けるような涼やかさと潤いに満ちた」雨過の他に、「雨上がりの山の頂と交わる青空」を意味する千峰、「木々の緑と交わる青空」の吟望、「風そよぐ潤った大地と交わる青空」の風露となっています。どんな味わいか想像力を掻き立てられる酒名です。

「山田錦」を使った純米大吟醸「雨過天青」は、控えめで落ち着いた吟醸香と後味の清々しいキレが特徴です。同じく「山田錦」50%磨きの純米吟醸「千峰天青」は、甘みを持ちながらしっかりと辛口のキレを感じさせる上品な味わいです。「五百万石」使用の特別純米「吟望天青」は、控えめで落ち着いた香りと米の旨み、後味の清々しいキレが魅力。そして特別本醸造「風露天青」はさらりとした口当たりながら、適度にコクのある旨味が広がり、キレの良さを兼ね備えた酒となっています。全体的には瑞々しく、しっかりとしたキレのある食中酒という印象。海辺の町、湘南らしさを感じさせる爽やかな酒と言えます。

蔵元は地域文化醸成の場

そんな「天青」に合った料理を楽しめるのが「蔵元料理 天青」です。敷地内に2001年にオープンした和食レストランで、大正時代の酒蔵を改装したレトロな空間で出されるのは、酒粕や麹を利用した蔵元ならではの料理。地元の野菜や魚介などの素材が使われています。

また蔵出しの「湘南ビール」が味わえるトラットリアも人気のようです。テラス席でイタリアンとともにビールを楽しむ時間は、ビーチリゾート湘南を満喫させてくれるとあって、観光客で賑わいを見せます。ほかにカフェやベーカリーなどの風情ある建物が敷地内に建ち並び、酒蔵とは思えない光景です。それは、熊澤さんの次の言葉が理念を実現したものであることを物語っています。

「僕たちは、蔵元を単なる酒造メーカーだとは思っていません。地域の誇りとなる酒造りはもちろん、人々がそこに集い、酒を酌み交わし、何かを生み出す磁力を持った場所。そう、地域文化の中心地でありたいと考えているのです。そこに蔵元があることで、人々の暮しが豊かになり、独特の文化が生れる。その文化は成熟し、100年、200年後にも受け継がれていくことを、僕たちは願っています」

47「黒牛」くろうし　名手《なて》酒造店　和歌山県海南市

漆器の町・黒江に生れた和歌山の地酒

「黒牛」とは日本酒にしてはなんともインパクトのある名前、一度聞いたら忘れないでしょう。和歌山の地酒と言えば「黒牛」と返ってくるぐらい、今では名の通った銘酒です。あまりにも「黒牛」という名が有名になりすぎましたが、本来は、「菊御代（きくみよ）」という銘柄で親しまれてきた蔵です。その名は名手酒造店。和歌山県海南市黒江の町なかに、風情あるたたずまいを見せています。

黒江は室町時代から漆器の産地であり、紀州藩の財政を支えるほど繁栄したとか。名手酒造店の創業は幕末の1866年（慶応2年）、漆器で財を成した問屋の旦那衆や漆器職人を顧客に酒造りを始めたと伝わります。

黒江の名は、遠浅の浜に牛が寝そべる形の黒い岩があったため、「黒牛潟」と呼ばれていたことに由来。遠く万葉の時代には、柿本人麻呂などの歌にも詠まれているそうです。しかし黒牛岩は江戸時代中期には、地中深くに埋まってしまったと言われます。ちょうどこの蔵のあたりがその黒牛岩のあった場所。酒銘「黒牛」は、こうした地元の歴史を担う覚悟のもとに生れたのでしょう。

万葉の昔が偲べる味を目指して

純米酒に特化した「黒牛」ブランドは、万葉の昔を偲べるまろやかな味わいを目指して、1990年（平成2年）に誕生。本物の純米酒が持つ美しい味を大切にしたい、と5代目蔵元・名手孝和氏は語っています。醸造アルコールを添加した酒に比べると、飲み口は重くても旨みがあり、まろやか。食事とともに楽しめる酒が純米酒だと言うのです。

確かに口に含んだ印象は重厚感があり、ふくよかな米の旨みが広がります。なるほど酒銘「黒牛」の通り、ゆったりとした気分に。しかしすっとキレる後切れのよさもあり、スッキリした味わいを実現しています。力強さとふくよかさ、そして軽快なキレがドラマチックに展開されて、純米酒なのに飲み飽きしません。

それにしても、いわゆる銘醸地とはほど遠い地方の町で生れた酒が、瞬く間に全国にファンを得て、知名度を上げていった原動力は何なのか気になります。ちなみに2018年開催の「第10回雄町サミット」では、「黒牛　純米吟醸　雄町」が吟醸酒の部で優等賞を受賞。これは岡山県産「雄町」を原料にした日本酒が全国各地から集まる国内最大級のイベントであり、「黒牛」が全国区の純米酒としても優れていることを物語っています。

上質の酒米を入手するために

純米酒を造るにあたって、蔵元がまずこだわっているのは酒造米の品質。そのために県内外を問わず、広く名産地に契約栽培米を求めているそうです。和歌山県は地理的制約から県産酒米の使用率を上げるのは困難なため、現状は県外の契約栽培率が高い様子。名産地とされる地域の圃場、栽培農家を名手氏自らが直接訪問して、関係を強化していると言います。それも広域分散により、不作や災害時のリスクにも備えているとのこと。例えば使用割合の多い「山田錦」は兵庫県をはじめ岡山、滋賀、富山などを地道に丁寧に歩き、「五百万石」は富山や福井、そして「雄町」は岡山県といった具合。上質な酒を造るために不可欠な原料米を、少しでもよい産地、少しでもよい品質にこだわって入手している様子がわかります。

また酒造環境を整えることも蔵元の役目と名手氏。中でも原料処理に必要な設備投資に力を注いでいるようです。それも「日常で親しまれる価格帯での酒の提供」を視野に入れてのことというから、蔵元のご苦労はいかばかりかと思う次第です。

48 「司牡丹」つかさぼたん　司牡丹酒造　高知県佐川町

「土佐宇宙酒」が掻き立てるロマン

15年ほど前のことです。「土佐宇宙酒」なる酒が発売されて度肝を抜かれました。聞くところによれば、2005年10月1日にロシアのソユーズロケットに搭載されて打ち上げられ、国際宇宙ステーションに8日間滞在した高知県産の日本酒酵母で造られた酒だというではありませんか。無事地球へ帰還した宇宙酵母を使って、純米吟醸酒が仕込まれたのです。宇宙を旅することは人類の夢、一般人より先に宇宙体験してきた酵母の酒を飲める時代がくるとは、想像だにできませんでした。

星とか宇宙は人のロマンを掻き立てます。私の知人は２００６年に発売されたこの限定酒を数本買い占め、月夜の晩に友を招いて酒盛りをしたと話していました。そして世界初の記念すべきこの宇宙酒、もったいなくて全部を飲み干す気にはなれず、今も何本か開けずに大事に秘蔵しているとか。この先、どのように変化していくのか、もう一つの時間的ロマンを楽しんでいるとのことです。

「土佐のいごっそう」の快挙

この「土佐宇宙酒」計画は、高知県内の有志が立ち上げた「高知県宇宙利用推進研究室」が実現したもの。そこに土佐の高知の日本酒を造る司牡丹酒造も加わっていました。快男子とか酒豪を意味する「土佐のいごっそう」という言葉がありますが、「土佐宇宙酒」の衝撃以来、この酒蔵にそんなイメージを重ね、記憶に深く留まることになったのです。

実はこの「土佐宇宙酒」には続編があります。初年度の宇宙酒は乾燥酵母が使われましたが、翌年には一緒に旅した生酵母を使って宇宙酒が造られたのです。つまり、宇宙ステーションで増殖した酵母で、乾燥酵母よりリアルに宇宙体験していることになります。

さらにソユーズロケットには高知県産の酒造好適米「吟の夢」と「風鳴子」も積まれて

いました。宇宙ステーションに滞在して帰ってきた宇宙米は、毎年栽培面積を広げて数年がかりで増やし、その米を原料に宇宙酵母で醸した「司牡丹　土佐宇宙酒　純米酒」も登場。初年度に比べかなりパワーアップした宇宙酒となり、宇宙のパワーで夢をかなえる純米酒として、注目されました。

「高知県宇宙利用推進研究室」は通称「てんくろうの会」と言うそうです。「てんくろう」は土佐弁で大ボラ吹きの意味。天を食らうほどの壮大な夢に賭けるという意気込みが込められていたのでしょう。「土佐宇宙酒」伝説はまさに土佐のいごっそうたちが成した快挙でした。

坂本龍馬も飲んだ「司牡丹」

次に私が出合ったのは「司牡丹　船中八策」という酒でした。一口飲んでキレ味の鋭さに度肝を抜かれたのです。品のよい自然な香りとなめらかな口当たりとは裏腹に、潔いほどのキレ。その鮮やかな対照が新鮮でした。

船中八策とは、土佐藩脱藩志士の坂本龍馬が起草したとされる新国家体制の基本方針のこと。藩主に大政奉還を進言するため、船中で策を練ったと伝わるものです。

「司牡丹　船中八策　純米酒」は、日本酒度＋8の超辛口純米酒。どんな料理とも相性がよく、特に新鮮魚介の美味しさを引き出す力は群を抜いています。ぬる燗にすると香り際立ち酸が鮮やかに、さらに温度を上げると甘み・旨み・酸味・辛みがバランスよくまとまり、温度変化による味わいの妙が楽しめる酒です。

司牡丹酒造の創業は1603年（慶長8年）。土佐を代表する銘柄で、坂本龍馬もこの酒を飲んだと伝わります。蔵がある佐川町は四国山系に囲まれ、仁淀川《によどがわ》支流の柳瀬川沿いに開けた盆地に位置しています。江戸時代には土佐藩主筆頭家老・深尾氏の城下町であり、町の中心部に連なる白壁の蔵が壮観です。江戸末期に建てられたもので、現在は一部が「酒ギャラリーほてい」として使われ、土佐の酒文化を提案しています。

「司牡丹」の名は「牡丹は百花の王、さらに牡丹の中の牡丹たるべし」との意味を込めて命名されたもの。清流仁淀川水系の極軟水の湧水を仕込み水に、軟水醸造に優れた歴代広島杜氏伝統の技を受け継いで、飲み飽きしないスッキリとした淡麗辛口の酒が醸されています。そこに芳醇な香りと独特の旨みが加わって、まろやかなふくらみをも感じさせる酒となっています。

49 「黒龍」こくりゅう　黒龍酒造　福井県永平寺町

九頭竜川流域の銘醸地で

「黒龍」は禅の里・永平寺の門前町として知られる福井県永平寺町で造られています。「黒龍」の名は、九頭竜川の古い呼び名である黒龍川に由来するそう。

九頭竜川は北陸地方屈指の大河川。白山山系の雪解け水が長い年月をかけて濾過され、名水として湧き出すこの地では、最盛期には17を数える造り酒屋が栄えていたと伝わります。今は2軒のみになってしまいましたが、そのひとつが「黒龍」の醸造元である黒龍酒造です。創業は1804年（文化元年）、屋号の石田屋の名で呼ばれていました。

この蔵では、水と米にこだわった高級酒を伝統的に手造りしていて、醸造している日本酒の約8割は吟醸酒。全国に先駆けて大吟醸酒を商品化し、吟醸酒の普及に努めてきた蔵でもあります。それだけに酒通からの支持も多く、中でも「石田屋」や「火いら寿」「しずく」などの高級銘柄は、今や限りなく幻に近い名酒と呼ばれ、手に入りにくい人気酒になっています。

一度は飲んでみたい高級酒

仕込み水は名水、九頭竜川の伏流水。軟水で、酒は軽く柔らかくしなやかな口当たりになると言われます。米は兵庫県東条産の「山田錦」や福井県大野産の「五百万石」など、産地指定の契約栽培米。名産地で篤農家が丹精込めて育てた酒造好適米にこだわっています。造りのコンセプトは、まずは料理の邪魔をしない繊細な味わいであること。それでいてほどよい旨みがあり、香味のバランスがとれた食中酒を目指しているとのこと。これを低温で貯蔵し、熟成させて、柔らかな舌触りとまろやかな上品さをまとわせ出荷しています。

「黒龍」のフラッグシップ商品は、やはり屋号を冠した「黒龍　石田屋」でしょう。一度は飲んでみたい超高級酒の筆頭に挙げられるほど、クオリティも希少価値も高いと評価されています。兵庫県東条地区産の特Aランク「山田錦」を35％まで磨いて、低温でゆっくりと醸した純米大吟醸です。これを氷温で2～3年貯蔵し、熟成させてから限定品として市場に出されます。香味は時とともに丸みを帯びてきめ細やかな口当たりとなり、奥ゆかしい果実のような香りとふくよかな旨みが特徴の酒に仕上がっています。

もう一本は「黒龍　大吟醸　龍」です。1975年（昭和50年）、全国に先駆けて大吟醸酒を世に問うた黒龍酒造の意欲作。当時、「日本一高価な日本酒」として話題に上った酒です。40％に精米した兵庫県産「山田錦」を使い、上品な果実香と上質な味わいを生み出しました。熟したリンゴや桃、メロンのような透明感のある香りが絡み合って鼻孔をくすぐり、口に含んだ瞬間に角の取れたなめらかな旨みが広がります。後口はスッとキレて爽やか。さすがに発売以来半世紀近くなるロングセラー商品です。

昔ながらに手造りで

新年を迎える頃になると人気を集めるのが「黒龍　本醸造　垂れ口」です。本醸造酒の薄にごり生原酒で、「槽口（ふなくち）」と呼ばれる搾り機の酒の出口から、滴り落ちる新酒をそのまま瓶詰めしたもの。濾過も火入れもしていない搾られたばかりの酒は、何より新鮮さが魅力です。青リンゴやマスカットのような青々しい香りに、クチナシや白梅の花の清々しい香りが織り混ざり、口当たりにクリーミーさを感じさせる粘性も特徴。後味には心地いい甘さが残ります。霞がかかったように淡く濁っているのは、ほんのり滓を含んでいるため。キラキラはじけるような飲み心地も魅力です。年一回の限定出荷。年明けには「黒龍　純吟　垂れ口」が出ますが、こちらは辛口。上品で綺麗、スッキリとしています。

黒龍酒造ではこの「垂れ口」の搾りに使われる「槽（ふね）」が搾りの主役です。醪を酒袋に詰めて「槽」の中に積み重ね、上から圧力をかけて搾るのです。時間と手間がかかりますが、雑味の出ない酒に仕上がるのが特徴。今では多くの場合、効率的な自動圧搾濾過機が使われますが、手造りにこだわる「黒龍」はこの方法が主に採用されています。

黒龍酒造にはもうひとつ「九頭龍」というブランドがあります。造りのコンセプトは「日常に寄り添う酒」。家飲み酒に嬉しい価格設定となっています。ふくよかな米の風味が特徴で、燗酒にしてその旨みが一段と引き立つ酒となっています。

なお、２０１９年にハワイで開催された「全米日本酒歓評会」では、次の３銘柄が金賞を獲得しました。

大吟醸A部門（精米歩合40％以下）「黒龍　大吟醸　龍」「黒龍　八十八号」

純米部門　「九頭龍　純米」

なおこの日本酒品評会は、日本国外で最も長い歴史を持ち、２００１年より毎年開催されています。

50　「伯楽星」はくらくせい　新澤《にいざわ》醸造店　宮城県大崎市

22歳でトロフィー受賞

２０１８年、弱冠22歳で杜氏に抜擢された女性が話題になりました。しかもこの年に開催された「ブリュッセル国際コンクール」の日本酒部門でトロフィー賞を受賞。若き女性杜氏への注目度は高まりました。

このコンクールは、ベルギー連邦政府の後援のもと25年の歴史があり、規模の大きさ、権威の高さは世界有数。ワイン、ビールに加えて２０１８年には日本酒部門が開設されました。純米大吟醸酒、純米吟醸酒、純米酒、吟醸酒（大吟醸酒を含む）、本醸造酒、スパークリング日本酒、熟成古酒の計7部門から成り、全国２７７の蔵元から合計６１７銘柄の出品があったと記録されています。

これら各部門の最高賞がトロフィー酒です。本醸造酒の部でトップとなったのは宮城県・新澤醸造店の「あたごのまつ　鮮烈辛口」でした。22歳の女性杜氏が責任仕込みをした酒です。トロフィー受賞酒へのＰＲ支援は絶大で、このときはアメリカから参加した審査員がNYミッドタウンの高級イタリア料理店で7部門のトロフィー酒のお披露目会を企画。そのニュースはJETROのビジネス短信にも掲載されて、国内外に知られるところとなりました。

究極の食中酒として「伯楽星」誕生

宮城県大崎市にある新澤醸造店は、1873年（明治6年）に創業。「荒城の月」で有名な仙台出身の詩人・土井晩翠が、愛飲した酒を醸す蔵として知られます。戦時中には、特攻隊の兵士が出陣前に飲む酒を造っていたこともあり、その頃は生産量も多かったそうです。

普通酒が主体の造りだった蔵に、現当主の新澤巌夫氏が戻ると、従来からの銘柄である「愛宕の松」の酒質向上に取り組みました。そして、2002年（平成14年）には新澤さんが宮城県最年少の杜氏に就任すると同時に、特約店限定の新銘柄「伯楽星」を立ち上げました。既存の銘柄「愛宕の松」は宮城県産米と宮城酵母にこだわるテロワールを極めた酒、新銘柄「伯楽星」は食を引き立てる究極の食中酒とコンセプトを明確に分け、普通酒中心の地方蔵から純米系メインの吟醸蔵へと変貌させたのです。

「伯楽星」は中国の天馬を守る星の名に由来します。転じて馬を見分ける名人を指し、

「千里の馬は常にあれど、伯楽は常にあらず」の言葉からもわかるように、逸材を見いだす難しさを説いています。年齢、性別に関わらず才能を見抜き、若き女性を杜氏に抜擢した新澤さんは、酒蔵の伯楽星と言えるかも知れません。

杯と箸が進む酒

蔵の歴史は順風満帆に進んできたわけではありませんでした。２０１１年（平成23年）の東日本大震災で蔵は全壊、取り壊しを余儀なくされるのです。それでも新澤さんは移転先を探し、蔵の再建、製造再開と矢継ぎ早に行動し、大震災から2年半で復活を遂げました。移転したのは山あいの豊かな水に恵まれた蔵王山麓の町。設備の充実を図り、最新鋭の自社精米機を導入するなど、近代的な酒蔵に生れ変わりました。旧蔵の跡地には本社事務所兼店舗を再建して地元との繋がりに配慮しています。

究極の食中酒をうたう「伯楽星」は、インパクトを求めず静かに食へと寄り添う酒と規定しています。酒自体は個性を主張しすぎず、料理の香りと味を引き立てる名脇役との立ち位置。飲み飽きることなく杯と箸が進む酒と言えます。

「伯楽星」の最高峰は「純米大吟醸　東条秋津山田錦」です。特A地区の兵庫県秋津産特上米「山田錦」をなんと29％まで磨いて使っています。メロンを思わせる上品な果実香、ふくよかで柔らかい甘み、すっと消える余韻。繊細ながらも芯のある味わいに魅了されます。食事の邪魔をしないので料理は何でも合わせられますが、宮城県特産の生牡蠣とともにアペリティフとしてもお薦めできます。仙台牛タンや気仙沼のフカヒレとも極上のマリアージュを楽しませてくれるでしょう。

Ⅱ

世界に日本酒を広めるための7つの戦略

2018年、NYには初のSAKEの醸造所が誕生して、ニューヨーカーは度肝を抜かれました。なぜって、蔵を起ち上げてSAKEを造っているのは同胞の二人のアメリカ人だからです。二人の名はブライアン・ポーレンとブランドン・ドーン。ブライアンはウォール街で活躍する金融関係のエキスパート、ブランドンは医薬品開発に携わる生化学者として大学に勤務していました。二人に、この大胆なキャリア転換を決意させたものは、何だったのでしょうか。

多くのアメリカ人にとって、日本酒は東洋のミラクルなアルコール飲料でした。寿司バーで出されるHot-sakeは、アルコール度の高い「アブナイ」飲み物。けっして味わって楽しめる飲料ではなかったのです。

それが次第に冷やした日本酒を提供する店が登場して、本来の美味さに気付く人が増えてきました。「なんて繊細なんだろう、米が原料なのにどうして果物の香りがするのか」。日本酒に開眼したブライアンとブランドンは、発酵の神秘に取り憑かれてしまったのです。その探究心から酒造りにハマり、自分たちの蔵を造ってしまおうと決断するに至りました。

二人の造るSAKEは、アメリカ産の米とNYの水道水で仕込んだアメリカの地酒。それを造りたての生酒として提供しています。蔵に併設されたタップルームで、タンク直汲みで飲ませるSAKEは、フレッシュでフルーティー。何より飲みやすく、たちまちニューヨーカーを虜にしました。

「BROOKLYN KURA」とシンプルに名前を掲げた外観は、酒蔵とは思えないモダンなデザイン。青いドアが目印です。ここブルックリン地区は、NYでもクリエーターやアーティストが注目するトレンド発信地になっています。タップルームは昼間から多くの市民で大賑わい。生ハムやチーズをつまみに、カップルで、グループで、SAKEのグラスを傾けています。

二人が目指すのは、華やかな香りと軽快な口当たりの純米吟醸酒。さらに「おりがらみ」、「しぼりたて」、米の粒がまだ残っている「醪」など、現地生産ならではの生酒を提供しています。この経験したことのない「おりがらみ」や「しぼりたて」とのアバンチュールに、NY市民は夢見心地を味わっているのです。

この蔵のオープンでSAKEへの関心が高まるNYでは、新しい蔵開設に向けての動きも始まっていて、日本からは「獺祭」で知られる旭酒造が、2021年の開業を目標に蔵建設に着工しました。他にもアメリカには、サンフランシスコの「セコイア・サケ・ブルワリー」など、西海岸を中心に現在15のSAKE醸造所が操業しています。

日本酒が広く世界に認知されるためには、世界各地でクラフトSAKEが造られる必要があると言われています。実際にそのために世界中を飛び回っている日本の蔵元もいます。私も同じ考えで、NYに酒蔵を造ることを構想しています。日本から希望する蔵元を招聘して、NY産の生酒をニューヨーカーに提供したいのです。

本書ではその蔵の構想と具体的なプランを詳述しました。若手蔵元に複数手を挙げていただき、日本酒造りとその流通を次世代に繋げるプロジェクトにしたいと考えています。日本からも世界に飛び出す蔵元のニュースが聞こえてきました。イギリスのケンブリッジでは「堂島酒醸造所」が1本15万円の純米酒を造っていますし、「WAKAZE」はフランスのパリ郊外に蔵を新設し、東大卒の若き杜氏が酒造りに着手しました。

日本酒は日本という枠を超え、これから世界各地で爆発的に進化を遂げていく気がします。古代から受け継がれる伝統的な日本酒を「酒母」にして、日本で、世界で、ローカルにグローバルに「発酵」をしていく未来が想像できるのです。

折しも政府は日本文化を海外に売り込む「クールジャパン戦略」の一環で、日本酒の輸出支援を強化しています。日本酒は日本にとって重要な観光資源であるとの認識によるものです。そんな折、日本酒とはなんぞやと今一度、見つめ直してみたいと考える次第です。

その１　世界のトレンド発信基地ＮＹに醸造所を造る

キャッツキルとの運命的出合い

忘れもしません、２００１年、ＮＹでは悲惨なできごとが起こりました。セプテンバー・イレブンです。ワールドトレードセンターが崩壊するのを目の当たりにし、およそ３６００人の犠牲者を生んだこの惨劇から、私自身、精神的に立ち直るには時間が必要でした。

その年の大晦日、私はＮＹシティの北に位置するキャッツキルの禅寺に、除夜の鐘を突くために出かけました。鐘の音は一つ一つが胸に染みました。静寂に包まれたキャッツキルの闇に、隅々まで響き渡るような振動に心が波動したのです。そこで酒で乾杯したのを最後に、私は断酒を決意しました。好きな酒を断つことで犠牲者に弔意を表し、自分に試練を課すことで精神的に強くなりたいと思ったのです。妻はどうせ三日坊主よ、と相手にしませんでしたが、断酒は息子が大学に入学する２０１１年まで、10年間続きました。

キャッツキルの敷地と建物の一部

そんな決意をさせてくれたキャッツキルは、自然に溢れた美しい山岳リゾートです。ＮＹから車で３時間ほど、なだらかな山裾は州立公園になっています。ＮＹ市民やアップステートＮＹに住む人たちの保養地として人気があり、夏は避暑に、秋には紅葉狩りを楽しむ人たちで賑わいます。富裕層の別荘も建っています。

ある日、キャッツキルの麓のリビングストンマナーという町で、商業物件が売りに出されました。レストランを開こうかと場所を探していた私は、迷わずこの土地と建物を購入しました。調べればキャッツキル山系の伏流水は水質に優れ、ＮＹの水道水として送水されているほど。ＮＹの水道水は全米でも有数の水の綺麗さを誇っています。

クラフトＳＡＫＥの醸造所を構想

その事実に気付いたとき、ここをレストランではなく醸造所にしようという思いが私の中に芽生えました。日本酒を世界に知ってもらうには、世界のあちこちでクラフトＳＡＫＥを造る必要があると思います。クラフトＳＡＫＥの醸造を通じて、世界の酒の愛好家に、日本酒の醸造にはいかに技と手間が必要かを知ってもらいたいと思うのです。

米、麦、ブドウなどの原料を発酵させて造る酒が醸造酒です。ビールもワインも同じ醸造酒ですが、日本酒は「並行複発酵」という複雑な発酵過程を経てできあがります。ワインなどの果実酒は、原料そのものに糖分が含まれているので、酵母を加えるだけで発酵させることができます。

ところが、日本酒やビールの原料は、米や麦といったデンプンなので、日本酒では麹の、ビールでは麦芽の酵素の働きにより、糖分に換えてから酵母によって発酵させなければなりません。ビールは、デンプンを糖分に換える工程と、その糖分を発酵させる工程を別々に行いますが、日本酒は、この工程を同時に進行させます。それが「並行複発酵」と呼ばれる醸造法で、世界に類を見ない高度な発酵技術と言われ、日本酒のまろやかな深い味わいの秘密がこの発酵法にあるのです。こうした高度な技術を身近に見ることのできる酒蔵が、各地にあったなら、日本酒への関心はもっと高まるはずです。

地元で造られるＳＡＫＥをきっかけにして、本格的日本酒への関心が深まり、日本から輸入される高級酒へ導入できればと考えるからです。実際、日本からの酒はアメリカでは高額となり、日常的に楽しめる市民は本の一部の人たちです。日本酒へのハードルを下げる必要性も感じています。

アメリカにおける日本酒市場

２０１９年現在、アメリカには西海岸を主にして15のＳＡＫＥ醸造所が操業しています。アメリカでは自家消費用のビールなどの「ホームブルーイング（自家醸造）」が認められていて、市民の間でも盛んな国柄ですから、今後、日本酒への興味の裾野が広がれば、クラフトＳＡＫＥの醸造への関心はもっと高まるものと思われます。

アメリカ全体のアルコール飲料の消費量の中で、日本酒の占める割合は５％にも満たず、微々たるものであるのが現状です。日本の蔵元の酒は、比率としては毎年伸び率が上がってきています。日本酒やＳＡＫＥの需要はまだまだこれからで、特に中西部やテキサスでの市場は未知数です。それにフロリダです。ＮＹ市民は冬には必ずマイアミに行きますから。

それでは、テキサスやフロリダでどんなＳＡＫＥが求められるかと言えば、間違いなくドラフトタイプでしょう。乾燥した土地柄で好まれるのは、軽やかで躊躇することなく乾いた喉を潤せる飲み物だと思います。

アメリカでの日本酒トレンドは、純米酒から始まって大吟醸へという流れでした。米の旨みやフルーティーな香りが神秘的だったのです。それが今では本醸造や山廃造り、生酒に移ってきています。生酒は日本から持ってくるより、現地で造ればよりフレッシュなものが提供できます。ＮＹには「ブルックリン蔵」という酒蔵ができて、生酒をドラフトで提供していますが、多くの市民が関心を寄せています。新鮮感と飲みやすさが大きな理由です。

造りたいのは生酒や泡酒

こうした状況から私はNYで、ドラフトで提供できる生酒や泡酒の地酒を造りたいと考えています。

生酒とは「火入れ」と呼ぶ60℃ほどの加熱処理を一度もしない酒です。しぼりたてのフレッシュな香味を楽しむ酒で、冷やして飲むのに適しています。

日本酒は通常、酒をしぼって貯蔵する前と、瓶詰めの際の2度にわたり60℃ほどの熱をかけることで、酵素の働きを止め酒質の変化を防ぎます。そして半年~10カ月の貯蔵熟成を経ることで、華やかなしぼりたての香味から、だんだん丸みのある調和のとれた味わいへと、穏やかに変化していきます。

「火入れ」をせずに、しぼったままの状態で貯蔵すると、時間が経つにつれて、麹菌による酵素の働きで酒の中の糖分、タンパク質が分解され、変質してしまいます。生酒はしぼってすぐに楽しむのがベストな酒と言えます。

そして泡酒とは文字通り泡立つ酒です。スパークリング日本酒とも呼ばれています。シュワシュワとはじける爽やかな飲み口が持ち味で、乾杯の食前酒として人気があります。

最近は種類も増えて、料理に合うドライなタイプも登場。優しい米の甘さと泡立つ爽快感が楽しめるので、日本酒入門者にも好評です。

ドラフトＳＡＫＥに関心を寄せる層

こうした生の酒や泡酒をＮＹで造って、ＮＹのバーやレストランにドラフトとして提供したいと考えています。レストランはジャパニーズに限らず、アメリカンでもイタリアンでもフレンチでも合わせることが可能です。先のブルックリン蔵はドラフトで提供していますが、日本の蔵元が今ここに、研究に来ている状況です。私がＮＹ郊外のリビングストンマナーに土地を買ったのは、生酒と泡酒を造りたいからでした。

あとはにごり酒です。日本酒は透明だと認識していたのに、淡く濁ったり白濁しているにごり酒は、アメリカ人にとってとてもミラクル。「澱（おり）」が多く含まれている分、素材の味を生かした日本酒と言えます。澱の成分は醪の中にある原料米、米麹やその分解物、酵母などなので、日本酒本来の米の旨みをより強く感じることができます。多くのにごり酒は火入れ処理を行わず、酵母が生きたままの状態で瓶詰めされるため、発泡性のあるものが多いのも特徴です。その分、酒質が変わりやすいので、保存管理に気を配り、開栓後はできるだけ早めに飲み切ることが必要です。泡酒やにごり酒は新たな客層の開拓に繋がっています。NYでは特に若い人たちが関心を寄せています。

日本から蔵元を募る

私はリビングストンマナーに土地と建物は所有していますが、SAKEを造る技術はありません。そこで日本から、アメリカ進出を希望する蔵元を募ることにしました。1社ではなく5社ぐらいで、2カ月間ずつ交代で設備をシェアするシステムです。アメリカは3カ月間、観光ビザで滞在できますから、こうしたローテーションが理想的だと考えたわけです。運営費は5社で分担するので、1社で背負うより経費負担は少なくなるメリットがあります。

手を挙げてほしい蔵元は、30代前後の若い世代です。志ある蔵元に子弟を育成するために派遣してもらうことも考えられます。つまり日本酒を次世代に繋げるためのプロジェクトにしたいと構想しています。

ここではそれぞれの手法で生酒を造ってもらうことを条件に、実験的にNYで自分たちの吟醸酒などに挑戦していただくこともできます。また、こちらで使われたバーボンやワインの樽に寝かせて、新たな商品開発をしてもらうことも自由です。逆にビールを造ることも可能ですし、ジンやウォッカを仕込んで、日本に持ち帰ってもらうこともできます。

杜氏や職人と一緒にアメリカに出張して、挑戦の場として、海外での拠点として、使ってもらえればと思うわけです。出張中の宿泊施設も用意する計画です。

また当方にはＮＹ生れの長男・長女が事業継承者としていますから、一緒に未来を開いてほしいと希望しています。ＳＳＩ認定の唎酒師の資格を取得していますし、英語と日本語でＳＡＫＥのプレゼンテーションもできます。若いジェネレーションが主導でニューヨーカーを対象に、新しい商品の試飲会を開けたらと夢はふくらみます。

酒米はカリフォルニア州で獲れる「カルローズ」、アーカンソー州で栽培されている「山田錦」があります。カルローズ米は、カリフォルニアで一般的な食用米ですが、ルーツをたどれば祖先は日系移民が持ち込んだ酒米「渡船」。酒造適性を秘めている米と言えます。

仕込み水はキャッツキル山からの伏流水でph６・７の軟水、全米一綺麗な水と言われています。麹菌はアメリカにも持っているところがあります。そして精米は、精米会社が日本から進出していて対応しています。

ファクトリーツアーとオーベルジュを計画

敷地内に建物は大小いくつかあって、合わせると５万６０００スクエアフィート（約１

600坪）になります。その中の1棟をオーベルジュにして、造りたてのSAKEと料理を楽しめる日本風の宿泊施設にしたいと考えています。古民家を改造して、古さを生かしながら快適に過ごせる空間にできれば最高です。日本旅行をする前の体験施設として、日本旅行の後に思い出を偲ぶ縁として、または我が社のモットーでもある「飛行機代を使わずに日本を楽しめる場」として、使ってもらえることを目指したいと計画しています。

醸造所はファクトリーツアーで見学できるようにします。醸造工程を見ることで、発酵の神秘に触れてもらい、SAKEへの興味を高めてもらいたいからです。キャッツキルは水がいいので、ウイスキー工場や生ビールの工場、ウォーターボトリングの工場などがいくつもあり、つい最近もレストラン併設のビール工場ができて大盛況です。キャッツキルを訪れる人たちに、こうした工場巡りの一環に醸造所を組み入れてもらえると考えます。

そのほか敷地内には日本庭園を配し、酒粕を利用したスイーツのカフェやSAKEとその加工品のお土産ショップも造り、テーマパークのような楽しさも添えたいと青写真を描いています。

リビングストンマナーの周囲にはスパやカジノもありますし、1969年の夏に野外コンサート「ウッドストック・フェスティバル」の会場となったベセルウッズもあり、アーツセンターでは当時のフィルムが上映されています。また、少し離れていますが、ウッドストックの町は文化人に愛されたことで知られ、ミュージシャンではジミー・ヘンドリックスやボブ・ディランが住んでいました。ですから醸造所の開設は、ニューヨーカーが休みの日を過ごす場所に、もうひとつ観光スポットを加えることになります。

リビングストンマナーの住人はこぞってここの水がＳＡＫＥの醸造に使われることに賛同し、ＮＹ州からのインダストリアルサポートの活用も可能です。設備投資や不動産に関するタックス・インセンティブ、農業や醸造業への助成金制度、低金利情報を提供するファイナンス、求人と教育の支援、キャンペーンや宣伝を支援するマーケティングなどの制度を利用することができます。

販路はニューヨーク州周辺とアフリカに開きたいと計画しています。これから日本酒の市場はアフリカで伸びると思っているからです。２億５０００万人が暮らす東アフリカの巨大市場をターゲットに、日本の中小企業が多数進出していて、ウガンダの首都カンパラには日本食のレストランが次々に開業しています。またコーヒー豆と石油の産出で富裕層も多く、日本からの吟醸酒など高級酒も受け入れられる土壌だと思います。

そして西アフリカはアフリカ系アメリカ人のふる里でもあります。ＮＹから発信するＳＡＫＥ情報は関心を集めると思われます。生酒は日本からよりＮＹから輸送する方が時間的にもコスト的にも有利だと考えます。従ってキャッツキルで造る生酒を西アフリカで販売できたらと考えています。

その2　日本酒にアメリカ人が関心を持つ仕掛け作り

日本酒の魅力を世界に伝える使命感

私はNYでずっと飲食業に携わってきましたが、最初は「24時間ダイナー」などのレストランをやっていました。アメリカンダイナーズレストラン「103」をオープンし、まだ無名だったマドンナ、アンディー・ウォーホル、キース・ヘリング、ジャン＝ミシェル・バスキアなど、新進のアーティストたちも足を運ぶ店となりました。「郷に入っては郷に従え」との小さい頃からの母親の教えもあって、アメリカの市民権を取得したのは、この国で商売するからには出稼ぎではなく、アメリカ人として責任を取るべきだと考えたからでした。

しかし、本質は日本人です。日本人としてNYで何ができるかと考えたとき、飲食なら日本食だろうという結論に達したのです。

そこで１９８４年、江戸前鮨の専門店「波崎」を皮切りに、シャブシャブ専門店の「しゃぶ辰」や蕎麦屋など、日本食の各専門店を次々に展開してきました。「波崎」は私の生まれた茨城県の港町の名前で、威勢のいい漁港のイメージは魚を扱う鮨屋にふさわしいし、ふる里をリスペクトする意味でこの名にしました。日本食第一号店への特別の思いもあったのです。

日本食レストランの第1号店　鮨の波崎

日本酒との出合いは、30数年前に日本で飲んだ「越乃寒梅」が初めてでした。このときの１杯は、一生忘れられない味になりました。当時アメリカには美味しい日本酒がなかったので、自分が感銘を受けた日本酒の味を世界に広めたいという気持ちから、日本酒を扱う飲食店を増やしてきました。

中でも日本料理のレストランバー「酒蔵」1号店と2号店、および日本酒の酒場「でしべる」は、ＮＹでの飲酒シーンに少なからず影響を与えてきたと自負しています。

日本酒のレストランバー「酒蔵」のミッドタウン店

1996年にミッドタウンのグランドセントラル駅近くに開業した「酒蔵」1号店は、当地の新聞「NYタイムズ」に「隠れた宝石」と紹介されました。ビル街の地下にあって恵まれた立地ではないのに、昼も夜もニューヨーカーが喜々として集っているからです。

ランチタイムでも日本食とともに日本酒が楽しめ、そろっている銘柄は常時200種類以上。火入れした酒だけでなく、生酒、生酛、山廃、古酒、貴醸酒とあらゆるタイプをそろえ、食前、食中、デザートにと対応しています。酒リストには日本地図を加え、産地がどこか一目でわかるように工夫しました。また銘柄は北海道から九州まで日本全国にわたるように配慮しています。NYに出張で滞在している日本からのビジネスマンは、自分のふる里の酒を懐かしんで、必ず探すからです。それで同行者と話が弾んで、新たな客層開拓に繋がる例も少なくありません。

蔵元や杜氏の酒に込めた思いもそのままに

また、イーストビレッジにある日本酒の酒場「でしべる」もいろいろなエピソードを生んでいます。店名は音の強さを表す単位のdBで、ここは音楽をウリにしているため、営業中には「on air」の赤いネオンが点ります。

「酒蔵」イーストビレッジ店

日本を代表する酒蔵のひとつ、岩手県の「南部美人」では、現在50カ国近くに日本酒を輸出していますが、その第一番目の取引先はこのＮＹの「でしべる」でした。蔵元の久慈浩介氏は当時を振り返って語ります。

「ビルの地階にあるカオスのような世界を目にして、驚きを隠せなかった。白人も黒人もアジア人も一緒に顔を寄せ合い、日本酒を囲んで酒談義に花を咲かせている。流行の最先端ＮＹでのその熱狂ぶりを見て、日本酒は世界に受け入れられると直感した」と。

「でしべる」店内の様子

人種のモザイクNYは世界の縮図。「でしべる」での飲酒シーンは、日本から訪れた若い蔵元の日本酒愛を、挑発するに足るものだったのでしょう。

また、日本で酒ジャーナリストとして活躍するジョン・ゴントナー氏はNYに来るとよく顔を見せ、NYで「ブルックリン蔵」を立ち上げたアメリカ人のブライアン・ポーレンとブランドン・ドーンも、「でしべる」の常連でした。二人はここで冷やした日本酒を飲んで、日本酒の魅力を知ったと語っています。

その頃のNYでは日本酒と言えば熱燗で出されるのが当たり前。日本食レストランや寿司バーには「ホットサケ」しかなく、アルコール臭が鼻にツンとくるスピリッツのような飲料というのが日本酒の一般的な認識でした。一升瓶で常温管理され、日光にも晒された日本酒は品質が維持されず、冷酒ではとても飲める代物ではなかったのです。

私は日本から出荷される日本酒のクオリティを変えることなく、できれば蔵元や杜氏が酒に込めた思いもそのまま、お客様に提供したいと考えて、冷蔵コンテナでの輸送リクエストはもちろん、入荷後の冷蔵管理に気を配りました。店舗内にセラー室を設けて専用冷蔵庫に保管し、その日に提供する商品はカウンター背後に独自設計した冷蔵ケースに準備しています。ボトルには入荷日と開封日を記入し、封を切ったら3日以内に売り切ることを目指しました。

サーブするスタッフの教育にも手を抜かず、お客様の口に入る瞬間までを日本酒を提供する者の責任と考えて目配りしています。それがお客様にとって、かつて、私の味わった「一生忘れられない酒」との出合いに通じると信じているからです。

「でしべる」は地下へ降りる階段に席待ちのお客様が行列する小さな店です。しかしメニューにはびっしりと多彩な日本酒が並んでいます。純米酒を主体に本醸造から吟醸、大吟醸、にごり酒、そして花酵母の酒から梅酒、ゆず酒、古酒などのユニークな酒までそろい、どのようなオーダーにも応えられるのが自慢です。それだけにスタッフは商品名とその特徴、お薦めポイントを憶えるのに苦労します。新人教育にはマネージャーが当たり、メニューの酒の試飲トレーニングを重ねています。さらに「爽酒」「薫酒」「醇酒」「熟酒」の４タイプ分類を理解させ、合わせる料理をお薦めする一助となるように訓練しています。

料理は基本バーなので手の込んだものはありません。そばサラダ、たこわさ、豆腐サラダなどのアペタイザー、サーモンやマグロなどの刺身、海老シュウマイ、チャーシュー、蒸しウナギ、唐揚げなどのスモールディッシュ、お好み焼きや牛丼、鮭茶漬けなどの軽食と30種余り。しかし、お客様が選んだお酒に合わせて、ベストマッチのつまみをお薦めするのがスタッフの腕の見せ所となります。そのために４タイプ分類の教育には力を入れています。

今では「でしべる」は１００種類以上、「酒蔵」は２５０種類以上の日本酒をそろえ、スタッフは日本酒本来の魅力をお客様に伝えることを使命にしています。その結果、日本の蔵元からは、レストランバー「酒蔵」はＮＹにおける日本酒の登竜門と言われるようになり、またＮＹで日本酒を広めたことに関しては、ＳＳＩから「名誉唎酒師」の称号をいただくことができました。

名誉唎酒師についてはＳＳＩおよびＦＢＯによって、次のように規定されているので紹介します。

「消費者への普及、啓発活動、調査・研究活動、実業を通じた普及、啓発活動など、日本酒及び日本文化の普及・発展に資する活動、行動をおこないその成果が顕著に認められた唎酒師、焼酎酒唎酒師に対し、功績を称えるとともに後世への「橋渡し役」としてさらなる活躍を期待し任命憲章する」

私は２００９年、農学博士小泉武夫氏らと一緒にこの名誉に浴しました。後世への「橋渡し役」としてさらなる活躍を期待するとの一文に応えるべく、もっと精進しなければと自分を戒めています。

タイプ別を知ってベストな提供を

私が日本酒への取り組みを深めたきっかけは、ＳＳＩと日本名門酒会がＮＹに日本酒を携えてやってきたときに遡ります。

ＳＳＩはSAKE SERVICE INSTITUTEの略で、「日本酒サービス研究会・酒匠研究会連合会」のこと。１９９１年、ＮＰＯ法人ＦＢＯ（料飲専門家団体連合会）理事長の右田圭司氏によって設立され、飲食コンサルタントで日本酒スタイリストの木村克己氏が名誉会長を務めています。唎酒師や日本酒学講師、酒匠などの資格を認定し、日本の酒の提供販売に関するプロフェッショナルの育成に取り組む機関です。２０１９年末現在、約３万

5200名の唎酒師を擁するほか、近年は世界唎酒師コンクールの開催や国際唎酒師の育成認定など、日本の酒の国際化に対応する事業への広がりも見せています。

日本名門酒会は「良い酒を　佳い人に」とのスローガンを掲げ、全国約120社の会員蔵元が丹精こめて造った日本酒を、全国の酒販店を通して流通させてきたボランタリー組織です。日本酒の本来あるべき本質を守り良酒を造っている蔵元と、意欲的な酒販店に呼びかけ、消費者に美味しい日本酒を届けようという活動をしています。

私が「でしべる」を開店する頃、最初に名門酒会が持ってきた日本酒は7銘柄でした。ところが開けてみるとどれも同じような風味なのです。理由は輸送が冷蔵船ではなかったせいでした。その頃のNYでは、日本酒は熱燗で飲むためにアルコール度が高く、すぐに酔いが回ると誰もが思っていたのです。そのような先入観を覆すには、SSIの提唱する「日本酒の4タイプ分類」がわかるような酒質のまま、日本から輸送されなければならないと判断して、翌年からはコストがかかりますが冷蔵コンテナが使われるようになりました。

そして、当時マンハッタンにあったニッコーホテルで、SSIの右田氏と第1回目のミーティングをしました。その時にいろいろ試飲させてもらって、タイプ別にどのように提供したらベストかを研究したのです。

ちなみに4タイプとは「爽酒」「薫酒」「醇酒」「熟酒」です。爽酒は香味が控えめで軽快、爽やかなタイプ。薫酒はフルーティーで香り高いタイプ。醇酒は芳醇でコクがあるタイプ。そして熟酒は長期熟成による濃醇で複雑なタイプです。これらを指標とすることで、味わいの傾向、適した飲用温度、相性のいい料理のおおよそを知ることができます。

それでは4タイプ別のお酒とお薦めの飲用温度、マリアージュする料理例を紹介します。

「爽酒」は軽快でなめらかなタイプ。普通酒、本醸造酒、生酒などです。爽快な酒質と涼やかな飲み口、フレッシュな味わいが特徴的なこのタイプは、しっかりと冷やすことで特性が生きます。冷やしすぎても何かが突出することがありません。適した飲用温度は5～10℃。料理はどんなものにもよく合いますが、冷や奴やアユの塩焼きなど軽めのタイプがベターです。逆に濃い味の料理にも、スッキリと口中をリセットしてくれる効果が期待できます。

「薫酒」は吟醸酒・大吟醸酒系の香りの高いタイプです。果物や花、ハーブなどの香りの主張が強いので、基本的には冷やして飲むのに適しています。ただし冷やしすぎると香りが閉じてしまうので、注意が必要です。冷蔵庫から出して15分ほど経ってから飲むのがベストでしょう。お薦めの飲用温度は10℃前後。合わせる料理は、食前酒としての性格が強いので軽めのもの、カルパッチョや白身魚の刺身、サラダ類が推奨できます。「醇酒」はコクのあるタイプ。主に純米酒や生酛系の日本酒です。旨み成分をしっかり持っているので、旨みのふくらみが映えるやや高めの温度設定が好ましいです。15〜18℃、または40〜55℃がお薦め。料理はしっかりした味付けのもの、煮魚や肉と野菜の煮物などがよく合います。バターやクリームを使った洋風料理も相性がいいです。

「熟酒」は長期熟成酒や古酒などの熟成タイプです。軽快なものから重厚なものまでさまざまであり、重厚な旨み成分を持つものほど高めの温度が適しています。低めの温度だと強い香りと旨みを抑えることができます。適した飲用温度は15〜25℃、または35℃前後がいいでしょう。料理は凝縮感と熟成感に負けないタイプがよく合います。ウナギの蒲焼き、麻婆豆腐、スパイシーカレーなどが好相性。冒険が楽しめるタイプです。

企画の基本はサプライズの提供

イーストビレッジに開いた「酒蔵」2号店は路面店です。通りがかりの観光客にも目を留めてもらえるよう、日本情緒満点の木製看板を掲げ、店内壁面には日本の蔵元から開店祝いに贈られた酒銘入りの菰樽がびっしりと積み上げてあります。

ここでは誕生日や結婚記念日などのアニバサリーを迎えて来店したお客様に、菰樽を使

店内ではセミナーも行われている

って鏡開きをプレゼント。喜びの日を祝う日本の伝統文化を披露して喜ばれています。

また、2号店では月替わりで「テイストオブジャパン」というイベントを開催しています。東京オリンピック前に全部の都道府県を網羅しようという計画でスタートしました。新潟県や長野県など県単位で、その県の代表的な銘柄の日本酒をそろえ、その県の郷土料理とともにサプライズを提供するもの。食材は米と味噌はその県のものを使っています。各地の地酒のテロワールを知って、日本酒への興味を深めてもらいたい意図があります。2020年には初めて沖縄を特集する予定で、沖縄の飲食文化のみならず歴史も紹介したいと考えています。そして大火により焼失してしまった世界遺産・首里城の再建のために、寄付金を募る計画も立てています。

また、当社では従業員には唎酒師の資格取得を奨励しています。日本酒に対する正確な知識を持ってサービスに当たることは、本人の自信に繋がり、私のモットーとする「楽しく働く」ことに通じるからです。現在はニュージャージー州にある日本のSSIの出先機関で、宿泊して資格試験を受けていますが、資格を希望する人には、イーストビレッジの当社店舗を使って、SSIとの連携のもとに勉強会を開く計画を立てています。これは従業員だけでなく、日本酒好きな「酒蔵」のお客様や一般のアメリカ人市民も対象にする予定です。日本酒の基本知識を身に付けることで、一般の人たちにも日本酒への関心が高まることを期待しています。

日本の蔵元のリサーチの場として

日本酒が入っている蔵の経営者や営業の方は、たいてい「酒蔵」や「でしべる」に顔を出してくれます。そして商品の回転がいい理由を知ることになります。

私たちはひとつには「テイスティングセット」として、飲み比べが楽しめる形でその時の推奨品を提供しています。純米・純米吟醸・大吟醸の3種3杯セットは、NYの人たちにとって日本酒を知るためのスターター。その中からお気に入りが見つかれば、2杯めにはその酒をボトルでオーダーしてくれます。また「本日のスペシャル」と題したお得感のあるアピール方法によって、商品の回転率を高めているのです。

蔵元は、ＮＹでどんな日本酒が流行っているのかを「酒蔵」で目の当たりにし、その酒を実際に飲んでみることができます。そして日本に持ち返って商品造りに反映することが可能となります。どんな提供方法が好まれているのかを「でしべる」でリサーチし、日本で酒販店や飲食店に伝えることができます。私たちの店は蔵元にリサーチの場を提供することによって、よりＮＹ市場にフィットした日本酒を手に入れることができるようになるのです。

その３
世界各地のクラフトＳＡＫＥが売れるように応援する

日本酒を世界酒に

世界各地でクラフトＳＡＫＥが造られるようにならないと日本酒は世界に認知されない

と説き、世界を飛び回っている蔵元さんがいます。岩手県で「南部美人」を醸す久慈浩介さんです。そのために日本の蔵元は酒造りのノウハウをオープンにし、世界へ飛び出して技術指導にあたろうと呼びかけてもいます。最近もNYの「ブルックリン蔵」を訪れた久慈さんは、利き酒をして杜氏のブランドンに技術アドバスをしていました。また、雪に埋もれた岩手の蔵にブランドンを招いて、新しい技術の研修をさせてもいます。

そんな久慈さんを見て、ブランドンは久慈さんはアメリカの寓話の主人公「アップルシード」のようだと話しています。これはアメリカ建国当初、リンゴの種を携えて、国中の農園に種を播いて歩いたと伝わる開拓者精神にあふれる人物のこと。SAKE新時代をエネルギッシュに開拓する久慈さんに、実にふさわしい例えだと思っています。

久慈さんの提案が実を結び、2018年、世界で愛されるSAKEを目指して本格的な醸造セミナーがカリフォルニアで開催されました。アメリカ、カナダから約30名の受講者が参加し、日本からの蔵元・杜氏の講演と現地の醸造所見学が盛り込まれたセミナーは、熱の籠もったものになったと伝わります。

現れ始めたクラフトSAKE

日本酒が今後さらに世界へと広がり、真の国際酒になるには、日本からの輸出がもっと伸びることが重要ですが、それだけでなく、世界各地の造り手が現地でクラフトＳＡＫＥを造ることが必要……という久慈さんの持論と、志を同じくする蔵元も現れています。

それでは現在、世界にはどれくらいのＳＡＫＥ醸造所があるのでしょうか。調べてみたところでは、アメリカが最も多くて15場、続いてカナダとフランスに各３場、イギリスとスペインに各２場、あとはイタリア、メキシコ、チリ、ニュージーランド、台湾にそれぞれ１場で、合計30場となっています。２０１９年秋現在以降、さらに増えているかも知れません。

最も新しいところでは、「WAKAZE」がパリに進出した例です。山形県を拠点に東京・三軒茶屋に醸造所を構える同社は、２０１８年に「日本酒を世界に」とのビジョンを掲げてブランド展開を始めました。ワインのオーク樽を使って熟成させた日本酒と、植物やスパイスで風味付けしたリキュールです。

世界市場を視野に入れているせいか、明らかに洋食との相性を意識した商品のようで、フレッシュな酸味や赤ワインの樽由来の香りは肉料理やチーズが欲しくなる味わいです。また、日本酒にお茶を混ぜたり、サクラの花を使ったりと、日本やオリエンタルなイメージを前面に出しているのも、海外市場を意識しているのだと感じます。現在、海外に輸出されている日本酒は、そのほとんどが日本国内向けに造られたものがそのまま出荷されているのを考えれば、日本酒新時代到来の感を深くさせる蔵元です。

その「WAKAZE」がパリに酒蔵を開設して、2019年には三軒茶屋の醸造所から杜氏がパリに渡り、本格的に始動したとのニュースが伝わりました。ここでSAKE造りを指揮する今井翔也さんは、30代の若々しい青年ですが、なかなかベンチャー精神にあふれた人物のようです。群馬県の酒蔵の三男として育った今井さんは、東京大学で食品生化学の研究を進め、有機食品企業に就職しました。その時の友人と「WAKAZE」を立ち上げ、自身は酒造りの修業を始めます。同じ東大出身の新進気鋭の蔵元・秋田の「新政」を皮切りに、吟醸蔵の雄・富山の「満寿泉」、そしてマイクロブルワリー・新潟の「越乃男山」で研鑽を積み、東京に開設した三軒茶屋醸造所で自社ブランドの酒造りに携わってきました。こうしたキャリアとベンチャー精神から、どんなSAKEをパリの地から発信するのか期待されるところです。

それぞれ個性が顕著なクラフトSAKE

クラフトSAKEにはそれぞれ個性があり、そのアピールポイントは一様ではありません。また、アメリカでは州によって酒のライセンスが異なるので、州を越えての応援はなかなか難しい面があります。NY州ではSLAという酒税を扱う機関に銘柄の登録をして、売価が決定されます。この手続きを経なければ、どんなに気に入った酒があっても扱うことはできません。

当社はレストランのライセンスを取得しているので、登録された銘柄ならこれを仕入れてお客様に飲食の提供をすることができます。現在ＮＹ州には「ブルックリン・クラ」を生酒で提供する「ブルックリン蔵」があり、私の店ではお客様が常時セレクトできるように品揃えしています。「ブルックリン・クラ・ナイト」などと銘打って、折に触れてキャンペーンも企画しています。また、新たな技術の習得には日本の研修先蔵元を紹介するなどの応援もしています。

サンフランシスコでも人気の生酒

先にも書きましたがアメリカには15のＳＡＫＥ醸造所があります。西海岸に多いのですが、カリフォルニア州サンフランシスコの「セコイア・サケ・ブルワリー」は評価の高い醸造所です。カリフォルニアはナパバレーをはじめとするワインの銘醸地として知られますが、サンフランシスコなどのベイエリアにはビールのマイクロブルワリーが急増して、醸造酒市場としては激戦区と言われています。

そんな地区にクラフトＳＡＫＥの蔵を誕生させたのは、ジェイク・マイリックと亀井紀子さん夫妻です。２０１４年、工業地帯の倉庫街で造りをスタートさせたふたりは、もともとＩＴ業界のエンジニアでした。ジェイクは大阪大学留学中に日本酒に出合い、酒蔵巡りと地酒の飲み歩きに没頭していたそうです。卒業後は東京を拠点にＩＴ業界に身を置きますが、２０１１年、ふたりしてサンフランシスコに移住。ここでは美味しい日本酒、特に生酒が手に入らないことに不満が募り、ついに自ら造ることになったという経緯があります。

造られているのは、若々しくて軽快な「Nama」、ボディのしっかりとした飲み応えのある「Genshu」、白く濁った「Nigori」です。夫妻が日本でお気に入りだった生酒は、フルーティーでスッキリした味わい、サラッとした旨み、そしてキレのいい「Nama」となってサンフランシスコの地酒としてリボーンしたのです。地元ではこの「Nama」と白濁して神秘的な「Nigori」に人気があるということです。

ジェイクは語っています。「これからＳＡＫＥの時代がやってきます。地元で愛されるＳＡＫＥを造って、カリフォルニアワインがフランスに認められたように、サンフランシスコのＳＡＫＥが日本に認められるようになる日を夢に見ています」と。

１本15万円のクラフトＳＡＫＥも登場

イギリスのケンブリッジには２０１８年に開業した「堂島酒醸造所」があります。私は２０１９年春に蔵訪問して、経営者から話を伺ってきました。世界に最高品質の日本酒を提供するとの夢のもとに醸造された純米酒「堂島」と、貴醸酒の「懸橋（ケンブリッジ）」はいずれも７２０㎖で１０００ポンド。日本円に換算するとざっと15万円ですが、ここには日本酒の価値を高めたいという蔵元の熱い思いが込められています。その思いを応援していくつもりで、現在、ＮＹでの登録手続き完了を待っているところです。ＮＹには１０００ドルで売れている日本酒もありますから、私にとっては高級酒への需要を広げる挑戦にもなると考えています。

日本酒は日本という枠を超え、これから世界各地で爆発的に進化を遂げていく気がします。古代から受け継がれる伝統的な日本酒を酒母にして、日本で、世界で、ローカルにグローバルに発酵をしていく未来が想像できるのです。流通に携わる身としては、こうしたクラフトＳＡＫＥの応援も、コツコツ地道に本来の魅力がお客様に伝わるよう、襟を正して臨む以外にないと思っています。

その4
卒業生を世界各地に送り出し日本酒関連事業への従事を応援する

イーストビレッジにジャパンタウン

私は現在ＴＩＣグループとしてＮＹシティに17店舗の日本食専門店を経営しています。ＴＩＣはTotal Information Centerの頭文字を取ったもので、１９９１年に設立しました。当時はコンピュータ社会ではなかったので、さまざまな情報を提供する総合商社的な事業を主体にしていました。それがだんだん、飲食店の経営に業容変更していったのです。

店舗の多くはマンハッタンのイーストビレッジに集まっていて、その一画はいつしかジャパンタウンと呼ばれるようになりました。

私がイーストビレッジを拠点にしようと思った理由は、ひとつにはセントマークス教会があるからです。ここにはペリー提督が一時埋葬されていた墓があるのです。14歳でアメリカ海軍に入隊して以来、米英戦争などで活躍したペリー提督は、航海に出ない時はＮＹ

のマンハッタンにある自宅で過ごしたと伝わります。１８５４年に黒船での日本遠征から戻ると、その4年後、病気で亡くなりました。そしてセントマークス教会にある夫人の親類の墓所に埋葬されました。その後、遺骨は生前から本人が望んでいた故郷・ロードアイランド州ニューポートに移されましたが、日米和親条約が締結されて下田と函館が開港に導かれたのは、ペリー提督の日本遠征がきっかけでした。日本が新しい時代を歩むことになったのも、このできごとがあったからです。そのペリー提督ゆかりのイーストビレッジから、私の新しい時代を歩き始めたいと思いました。

19歳でアメリカに渡ってきて、24歳で放浪の旅に出かけ、世界中を回ってきた私が再びアメリカ・NYに戻ってきたのは、自分の夢をつかめる街はここしかないと思ったからでした。

当時のイーストビレッジは「東村」の名の如く寂れた地域でした。船で渡ってきた人たちが上陸する地で、言わば移民の町。彼らは家庭で食事をしないために飲食店は沢山ありました。ただし治安がいいとは言えず、当時の日本大使館は観光客に「イーストビレッジには近づくな」という御触書を出していたほどでした。

でも私はこの村が好きでした。いつしか自分で飲食店をやりたいという夢があったからでした。

「日本の祭り」を再現して地元と交流

こうしてイーストビレッジの住人となり、いくつかのレストランに食材を配達する八百屋を起業しました。飲食業界との繋がりを作るためです。キッチンでの料理人との触れあいからは学ぶことが多々ありました。この時、一緒に起業したのは私に渡米するきっかけをくれた親友の若山和夫さんでした。

そしてようやく、24時間営業のアメリカンダイナーのレストランを始めることができ、私はこの町に溶け込んでいくのを実感する日々でした。しかし、自分のアイデンティティを考えれば、私のやるべきはアメリカ料理ではなく日本料理だとの想いに至り、以降、鮨やシャブシャブ、蕎麦と日本食のそれぞれの専門店を造ってきました。

同時にジャパンソサエティーJSやニューヨーク日系人会JAA、日本クラブ（在ニューヨーク日本企業人・家族の親睦会）など現地コミュニティとかかわりながら、イーストビレッジに毎年「日本の祭り」を再現しました。地域で働く日本に帰れない日系人、NY生れの子どもたちに日本の文化を体験してほしいとの想いからです。江戸職人や大道芸、チンドン屋などを浅草から呼び、ヨーヨーや飴細工の露店、神輿、もちつき、市から借りた移動ステージでは日本舞踊に雅楽と、自分が子ども時代に夢中になったお祭りシーンを再現して、ジャパンタウンは３０００人の人出で賑わいました。地域のお年寄りを招待して弁当を楽しんでもらい、ＮＹ青年会を組織してボランティアを募り、会場整備に当たってもらいました。

こうした地域との交流は普段からの人の繋がりの大切さを実感させてくれました。イベントの開催には半径１０００m以内の住民の許可、警察やコミュニティセンターの承認が必要だったからです。１９９０年から10年間主催した「日本の祭り」は、２０００年にはジャパンソサエティーの日本文化を紹介するプログラムになりました。しかし２００１年、セプテンバー・イレブンの惨劇が起きて、以後中止となってしまいました。

日本食専門店の展開でプロを育成

ジャパンタウンの礎となったのは１９８４年創業の江戸前鮨の店「波崎」です。続いてシャブシャブ専門店の「しゃぶ辰」や、手打ちの二八で江戸の藪蕎麦を提供する「蕎麦屋」、そしてカレー専門店「咖喱屋」、ＮＹ初のラーメン専門店「来々軒」と、素材本来の味を大切にした日本食を紹介してきました。

こうして２５０人のスタッフに就労の場を提供し、「いらっしゃいませ」「ありがとうご

日本酒とシャブシャブを楽しむニューヨーカー

ざいました」とハモる声の温かいおもてなしに務めています。ここで本物の日本食の味と調理法、そして日本酒の知識を得て独立していった卒業生もいます。私はやる気のある人、飛び立つ前向きな人にはチャンスを与え、惜しみない応援をしてきたつもりです。

それはのれん分けや資金援助ではなく、事業展開のノウハウです。在職期間中は「安全・確実・迅速・静粛」「Never Give Up!」「仕事は楽しく！　チームワークを大切に」「一人一人の個性を生かす」「今直ぐにやる」「友達を大切に。家族はもっと大切に」などを口癖にして、厳しく指導してきました。「酒蔵」に勤務した卒業生のひとりはこんな風に述懐しています。

「酒蔵は、サービスのレベルがとても高く

て、お給料もとても良かったのですが、先輩たちがとても厳しかったため、入社しても３カ月で半分くらい辞めていくようなお店でした。その中で生き残っていった人たちは皆とても仕事に対して真剣で、はっきりとした将来の夢を持っていて、楽しい仲間たちばかりでした」

ＮＹで酒ＰＲ代理店を起業した女性唎酒師

「酒蔵」の卒業生としては、まず新川智慈子《にいかわちずこ》さんを挙げたいと思います。現在ＮＹで酒ＰＲエージェンシー「SAKE DISCOVERIES（サケディスカバリーズ）」の代表として活躍しています。彼女は２００４年に入社して、日本で取得していた唎酒師の資格を生かし、「酒蔵」の酒ソムリエとして活躍してもらいました。その業務を通じて得たものは、「日本酒の知識、関心度、情熱、日本酒を通じてのホスピタリティー、祖国愛。そして世界中の人種へのリスペクト」だと語っています。もともと素質がある人でしたが加えて頑張り屋、すぐにマネージャーからイベントやスタッフトレーニングを任されるようになり、その経験をもとに今の会社をＮＹで起業したのです。

まだ入店して間もない頃、唎酒師資格があることから、系列店の「茶庵」にて日本酒のイベントをしてみてはどうかと提案しました。本人にしてみれば、レストラン業界は初めて、言葉もままならない状況で不安も迷いもあったはずですが、彼女は「はい」と即答。企画の段階からひとりで果敢に挑戦しました。その「チャンスを逃さない」姿勢は、私の生き方のモットーと同じで、大いに共感した私はイベント最後の挨拶でそのことをスピーチしました。すると彼女は感極まったのか、号泣してしまいました。イベントを成功させるために、どれほどか苦労も努力もしたのだと思います。

日本酒のレストランバー「酒蔵」で日本酒の知識を深め、多くの日本の蔵元との繋がりもできた新川さんは、2008年、日本酒に特化したPR会社を起ち上げました。「造り手と飲み手を結びつけるリエゾンとして、世界に誇るべきJAPAN BRANDをNYから発信」することを目標にしてのスタートです。独立してからも、あちこちのイベント会場ではつらつとした彼女を見かけ、頼もしく思っていました。

現在は全米を対象にして、日本酒イベントの企画を提案して運営するほか、レストランへのコンサルティングやメニュー開発、レストランスタッフのサービストレーニングなどに当たっています。またインド洋に浮かぶ高級リゾートの島々など、日本酒未開拓の地で日本酒の啓発普及活動にも励んでいます。

最近は日本のメディアからのオファーが増えたようで、TVドキュメンタリー番組のコーディネートや、雑誌にNYのSAKE事情をレポートする執筆活動もしています。元ファッション業界にいたこともあって、スタイリッシュな日本酒の楽しみ方の提案なども新鮮。これからも彼女のＮＹからの酒情報発信は、日本に上陸して新たな日本酒ファンを開拓することでしょう。

なお、２０１０年には全米日本酒歓評会の審査員を務め、２０１２年には「酒サムライ」に任じられています。これは「日本酒造青年協議会」が結成した「日本酒文化を広く海外に発信していくため」の団体で、その活動に功績のある人物を「酒サムライ」として叙任しているものです。ちなみに日本ソムリエ協会会長の田崎真也氏や俳優の辰巳琢郎氏も「酒サムライ」です。

新川さんは「日本のお酒をもっとわかりやすく提供できるスタッフの人材育成が、まだまだできていないのがアメリカの現状です」と語り、後輩指導にもっと力を入れねばと決意しています。

香港でSAKE Barを経営する「酒サムライ」

１９９８年から２０１０年までの約12年間、ＴＩＣに在席したのが百瀬あゆちさんです。新川さんの先輩でもある彼女は、現在は香港でSAKE Bar GINN（吟）を経営し、東南アジアを舞台に「酒サムライ」としても活躍しています。

百瀬さんはNYで大学生活を始めるに当たり、英語の語学学校に通いますが、夏休みに「しゃぶ辰」でアルバイトをしたことがTICとの出合いとなりました。大学卒業後はNYでテキスタイルの会社に就職しますが、その傍ら唎酒師の資格取得に挑戦。飲食業への思い断ち難く、TICへ「出戻り娘」を志願してきました。そして昼間は私の秘書として、夜は「酒蔵」で唎酒師として、二足のわらじを履くことを潔しとしたのです。接客、酒メニューの作成、スタッフトレーニングなどに当たってもらいましたが、飲食業が天性だったのでしょう、喜々として働く姿はまぶしいばかりでした。

社長秘書の一番重要な任務はスケジュール管理です。その中に「今日のお誕生日」というのがあって、その日に誕生日を迎える社員にメッセージカードとプレゼントを用意する業務がありました。それを前日の夜に私の鞄の中に滑り込ませ、翌朝、今日は誰それさんのお誕生日です、と私に知らせてくれました。250人もの従業員の誕生日を管理するだけでなく、それとなくメンタル面にも気配りして私に伝えてくれる、百瀬さんはそんなスーパー秘書でした。

「酒蔵」での業務を通じて得たものは、多くの素晴らしい仲間と日本酒の知識だったと彼女は振り返っています。「酒蔵」には絶えず日本から蔵元さんが見えて、スタッフトレーニングを通じ新しい情報が身に付けられましたし、勉強会も熱心に開かれていました。お燗の付け方、料理とのペアリング研究の機会も多々あり、百瀬さんが熱心に取り組む姿に巻き込まれて、ほんの腰掛けのつもりで入ったアルバイトの子たちもたちまち日本酒ファンになっていくほどでした。

２００８年からはＴＩＣグループ全体の日本酒の取り扱いを担当してもらい、同時にマンハッタンにあるコロンビア大学ビジネススクールで特別講師として日本酒の講義も行っていました。

そして２０１０年には香港に移住して「Momose Co.,Limited」を立ち上げ、日本酒の蔵元と一緒に和食レストラン向けのコンサルティングを始めます。２０１１年末には念願の「地酒処　吟」をオープン。晴れて一国一城の主となり、愛してやまない日本酒に囲まれて、日本酒を熱く語る日々を過ごしています。定期的に日本酒セミナー、利き酒会も行い、香港には着々と地酒ファンが増えてきました。

また２０１２年には、香港最大の総合食品見本市「FOOD EXPO 2012」が開催されましたが、日本からは香港市場の拡大を目指してジェトロがパビリオンを出展。そのとき百瀬さんは農水省からの依頼で、日本酒セミナーの講師を勤めました。このことは、彼女が香港における日本酒のオピニオンリーダー的な存在であることを物語っています。

香港での活動は9年目に入りましたが、事故なくこのプロジェクトを終了できたら世界のどこかで、ＮＹの「酒蔵」のような日本酒バーを開いて、そこで沢山の日本酒のプロを育てたいと、将来を語っています。

ミシュランガイド東京に星付きで載った割烹

東京で活躍するのは日本料理店「築地すず木」のオーナーシェフ・鈴木秋信氏です。同店はミシュランガイド東京２０１７で一つ星を獲得しました。

彼は銀座の和食店で12年経験を積んだ後ＮＹに渡り、15年間ＮＹに在住して日本料理を研鑽しました。マンハッタンのミッドタウンにある高級ホテル「ウォルドルフ・アストリア」の日本料理店でも腕を振るい、現地の食材をいかしながら、いかにして日本食の美学を伝えていくかに日々、心血を注いでいました。

そんな鈴木さんの料理に惚れ込んだ私は、足繁く通っては私の夢を語りました。そしてついに２００５年、私の「誘惑」に乗ってくれたのです。それから5年間ＴＩＣに在職し、「酒蔵」と「炉端屋」の料理長を担ってもらいました。

そして２０１０年、自分の店を開くために日本へ帰国。10月に「築地すず木」をオープンしました。食材の持ち味を最大限に引き出す正統派の和食を基本に、西洋の食材も大胆に取り入れているため、訪れるたびに新しい味の魅力に出会うことができると評価されています。

私も東京に行くたびに訪れるのが楽しみな店になっています。お任せコースの10皿からなる小皿料理は、どれも日本酒の杯が進むものばかり。先付けから八寸、刺身、お椀、煮物、焼き物など全てに一手間かけた和食は盛付けも美しく、日本の四季を堪能させてくれます。

場所柄、東京にやってくる外国人観光客の来店も少なくありません。ＮＹ暮しが長かったために、求められれば流ちょうな英語で、和食文化と日本酒の素晴らしさを伝えられるのも鈴木さんの強みです。また、こうした外国人が語る評価や要望を、料理に反映させたり日本酒の造り手にフィードバックできるのも、言葉の壁を乗り越えた料理人だからできることだと言えます。海外に誇れるお店として、これからも応援したいと思います。

そしてもう一人、東京にはＮＹ帰りの日本酒プロフェッショナルがいます。

１９９６年、私がミッドタウンに「酒蔵」１号店をオープンするに当たっては、先に紹介したＳＳＩから駐在員としてスタッフを派遣してもらい、従業員のトレーニングやメニューの開発をしてもらいました。従業員はサービススタッフとしてＳＳＩの本格的指導を受けることができたのです。ＳＳＩから「酒蔵」に派遣されたトレーナーは赤星慶太氏。

ワインソムリエと唎酒師の資格を有し、16年間NYを拠点にインポーターとして全米に地酒を広める活動に従事しました。彼の企画した日本酒イベントは予約待ち続出でした。2015年には日本に帰国し、日本酒バー「赤星とくまがい」を東京・麻布十番にオープンしました。同店でシェフを務める熊谷道弘氏も、NYで活躍した日本料理の匠です。「赤星とくまがい」は斬新な日本料理とともに、赤星氏セレクトの個性的な日本酒のペアリングが楽しめる店として、東京でも評価の高い日本酒バーとなっています。全米日本酒歓評会の公開利き酒会「ジョイ・オブ・サケ」の東京開催に際しては、出品酒と一緒に楽しむアペタイザーの名店のひとつに選ばれています。

その5

アメリカ人の料理人をスカラシップで日本へ送る

伝説的名シェフの助言を得て五絆ソサエティーを運営

「五絆（ごはん）ソサエティー」は2006年にNYで設立されました。日米の食文化の交流と発展を目指す非営利団体で、創立者は日本食器や調理器具、包丁などの輸入販売会社「コーリン」を経営する川野作織さんです。私も理事としてずっとかかわってきました。

ボードメンバーや諮問委員会には、ジャン・ジョルジュ、マイケル・ロマーノ、デビッド・ブーレイ、ダニエル・ブールー、ノブ・マツヒサなどの伝説のシェフが名を連ねています。

ジャン・ジョルジュ氏は世界各地に三つ星、四つ星レストランを経営し、ロマーノ氏は「ユニオン・スクエア・カフェ」の料理長兼共同経営者。コンテンポラリーなアメリカ料理で知られ、新鮮な食材を使った料理とホスピタリティーに定評があります。アメリカ料理業界で名誉ある賞とされる「ジェームズビアードアワード」を何度も受賞しています。

ブールー氏はミシュランのNYレストランガイドで長年三つ星をキープしてきた「ダニエル」のオーナーシェフでフレンチの巨匠。同店はNYの王道老舗フランス料理店です。

そしてブーレイ氏は、「ブーレイ・マジック」とまで称され世界を魅了するシェフ。同名のフレンチレストランは評価ガイド「ザガット」で最高レベルを維持、独創的なフレンチでセレブの舌をうならせています。また和食、とりわけ発酵食品への関心が高く、何度も日本を訪れています。石川県と沖縄に関心を寄せ、極上の健康食を生み出すために日本各地に伝統食材を訪ね歩いた修業の旅は、2019年、日本のドキュメンタリーTV番組になって放送されました。

金沢の料亭で日本料理の精神と技を研修

五絆ソサエティーでは毎年アメリカ人の料理人を日本に送って、日本の食文化を研修してもらっています。日本料理に限定せず、料理のジャンルを問わずに全米から募るのは、各レストランのスーシェフです。選抜試験に受かると奨学金で2週間の日本研修ができます。選抜は応募理由や日本への思いなどを綴った小論文で行い、競争率は毎回平均5〜6倍です。

派遣先は石川県の金沢市。まずは山中温泉「かよう亭」にて温泉と懐石料理を体験してもらいます。翌日からは金沢市内の料亭で日本料理の精神と技の研修。「銭屋」「つば甚」「金城楼」など加賀百万石の面影を残す老舗懐石料亭や、「松魚亭」「かなざわ石亭」といった活魚料理、加賀料理の名店のご協力いただき、日本料理の技と心を世界に発信するシェフたちから料理研修を受けます。漆器ギャラリー「工房千樹」、北大路魯山人が初代から作陶を学んだ九谷焼窯元「須田菁華」ほか、味噌工房「ヤマト味噌」や醤油など発酵食品の工場、そして金沢市民の台所「近江町市場」での鮮魚・青果・精肉など食材研究と、食文化にまつわるさまざまな研修をします。

酒蔵は金沢の老舗「福光屋」を訪問し、酒造りの工程を見せてもらいます。「加賀鳶」で知られる同社は１６２５年（寛永２年）創業、金沢で最も長い歴史を持っています。霊峰と崇められる白山からの伏流水は、１００年の歳月をかけてこの地にたどり着く清冽な水。「恵みの百年水」と呼ばれ、仕込み水に使われています。その水と米から造られる日本酒が、果物のような香りがすることに参加者は驚き、発酵の神秘に触れて日本酒への関心を深めていきます。

次には新幹線で東京に移動し、「東京第一フーズ」のお世話で豊洲でのマグロの競り市とトラフグの解体見学、さらには大阪・堺市を訪れ包丁「酔心」ブランドの「ナイフシステム」見学と、スケジュールは過密で多彩です。２０１８年にはＮＹから４名、ボストンとロサンゼルスから各１名の計６名がこの研修に参加しました。毎年平均５名を派遣しているので、これまでに70名近くのアメリカ人シェフがこのプログラムに参加しています。

研修生の料理を発表するパーティーを開催

帰国後はその料理人たちに味噌などの発酵食品を使ってもらいます。参加するのはあらゆるジャンルの料理店ですから、こうした試みから新たな食文化の興隆も期待できます。

また、研修生の料理発表会も開催しています。指定の食材を使って作った料理と、私がセレクトした日本酒とのペアリングを楽しむパーティーを開催するのです。

前回の研修生の一人はNYの著名インドレストラン「ジュヌーン」のスーシェフでした。彼はこの研修に参加していたく感激し、帰国後のパーティーに120人収容のレストランを会場として提供しました。チケットをひとり200ドルで販売し、その収益を次のスカラシップの資金の一部にするわけです。この時の料理はマグロを使ったインド料理でした。

こうした慈善の循環も素晴らしいですが、インド料理に日本の食材を使い、日本酒とのペアリングを可能にする料理を創り上げる熱意と創意工夫が素晴らしいと思うのです。これを機に新たな定番メニューが誕生し、日本酒がアルコールリストに加えられる可能性もあるわけですから、五絆ソサエティーの活動に期待がふくらみます。

五絆から嬉しい波及効果

そしてこの五絆のご縁が意外な広がりを見せ始めました。

受け入れ先の金沢では、全国の高校生を対象に料理のコンペティションが開催されたのです。日本での体験を元に、帰国後にアメリカで挑戦する若きシェフたちの話題がマスコミで報じられ、こうしたムーブメントに刺激を受けたからでしょう。金沢の飲食業者が行政に働きかけて新たな試みが実現しました。

今回のテーマは「出汁」で、「鯉」を使った料理で出場し優勝したのは長野県の女子高校生でした。ご褒美にその優勝者が２名、引率の先生とともにＮＹに派遣されて、私が市内を案内しました。そしてＮＹで不動の人気を誇る「グラマシー・タバーン」で一緒に食事をし、シェフと交流する機会も得られました。

彼女たちは料理学校の生徒ではありませんでしたが、こうした経験を通じて料理人の道を歩むようになるかも知れません。そして、日本酒への関心が芽生えるかもと考えると、五絆の取り組みは地道ではありますが夢のあるものに思えます。ＴＩＣグループの日本食専門店にも参考になればと案内し、ＮＹでの日本食の実情の一端も知ってもらうことができました。二人は日本人の若者がいろいろな国からの従業員と一緒に働く姿を見て、卒業したらＮＹへ来たいと言って私を喜ばせてくれました。この経験から私は、五絆の取り組みをもっと若い層へ底辺を広げていきたいと考えています。

「ＮＹ日本食レストラン協会」を起ち上げ情報交流を広げる

現在私はＮＰＯ法人「ＮＹ日本食レストラン協会」を起ち上げようと企画し、ミーティングを重ねています。NYでは春と秋にアメリカ人が「レストランウイーク」を開催していますが、ここに協会としてテーマを決め、日本料理店として何かできないかと考えているのです。

NYシティの保健局では、寿司を握るのに手袋を使えと指導しています。しかし、寿司屋で実際にテストすると、手袋をはめて握る方が衛生的ではないという結果が出ました。同じ手袋をしたまま何種類も握るより、酢でその都度湿らせて素手で握る方が、菌が少ないのです。酢には殺菌効果があるからです。昔から日本には発酵食品があり、その効果を体験的に知っていました。それがアメリカでは理解されないのです。こうした交渉も協会があればスムーズに運ぶのではないかと考えています。

ですから「レストランウイーク」に、日本食レストランが一斉に「発酵食品フェア」を開催して、その魅力や特徴をアピールしたら、「寿司に手袋」問題も解決する素地ができると思います。また、マンハッタンとその周辺には200軒以上の日本食店があり、たいてい日本酒を置いていますから、協会ができればそこで情報交換ができます。売れる商品、売れない商品、新しい商品の現場情報は貴重ですし、料理との組み合わせのアイデア交換もできるでしょう。

チャイナタウンもリトルイタリーも一時代は過ぎて落ち着いていますが、NYにおける日本食の市場はまだまだこれからだという印象を深くしています。ＮＹ州のレストラン協会、全米のレストラン協会との横の繋がりもできれば、日本酒の市場のさらなる拡大も考えられます。また、日本からはレストラン協会やフランチャイズグループの研修で「酒蔵」にやってきますが、協会ができたらこういう団体との交流もＮＹ市場にとって意義深いと思っています。

その6
JOY OF SAKEをＮＹ、ホノルル、東京で開催して日本酒の知名度アップに貢献

アメリカの日本酒流通に変化をもたらしたイベント

「JOY OF SAKE」の発祥地はハワイ州のホノルルです。毎年ホノルルで行われる「全米日本酒歓評会」の一般公開として開催される利き酒イベントで、受賞酒のみならず、全ての出品酒を自由に試飲することができます。

全米日本酒歓評会とは、日本国外では最も歴史の長い日本酒の審査会です。日本で19

11年から毎年行われている「全国新酒鑑評会」にならって、2001年に始まりました。それは、アメリカにおける日本酒流通状況に大きな変化をもたらしました。

1990年代の後半、日本酒の海外での消費量増大化は、長期トレンドとしての兆しを見せ始めていました。しかし、アメリカにはまだ、さまざまな種類の日本酒があることや、日本酒を評価する基準についての知識が定着していませんでした。そのために、1年以上も冷蔵保管されずに店頭に置かれ、風味が飛んでしまった商品が売られていたりすることがよくありました。当然ながら、そのような日本酒を口にした一般消費者が、リピーターになることはなかったはずです。

こうした状況を改善しようと立ち上がったのが「国際酒会」でした。日本酒文化をアメリカに紹介することを目的として、1987年にホノルルで発足した有志の会です。

同会では、日本酒への客観的な評価基準の導入が必要であるとして、日本の独立行政法人酒類総合研究所に支援を依頼しました。その結果、全国新酒鑑評会の審査票を簡略化したフォームを用い、日本人と外国人からなる鑑定官が審査を行う「全米日本酒歓評会」の誕生となったのです。アメリカに住む人々が良質な日本酒を理解する一助となること、また日本酒と日本酒文化の世界への普及を目的に毎年1回行われることになり、2019年現在19回目の開催となりました。

ジョイ・オブ・サケのNY会場2019年のシーン

逆輸入型の日本酒イベントとして日本でも注目

第１回全米日本酒歓評会は、２００１年９月にハワイ州ホノルルで開催されました。初回は42社の蔵元から集まった１２６品が審査され、各出品部門で高い評価を得た出品酒に金賞と銀賞が与えられました。

審査の翌日、全ての出品酒が味わえる利き酒会を、「ジョイ・オブ・サケ」として一般消費者に公開。ハワイ全土の著名レストランによるアペタイザーとともに、テイスティングを楽しむ会となりました。地元アーティストによるエンターテインメントも、会場を盛り上げました。このイベントには約４００名が集まり、売上の８０００ドルが会場となったハワイ日本文化センターの文化プログラムに寄贈されたと伝えられています。

翌２００２年度の全米日本酒歓評会の開催後、蔵元、販売代理業者、そして日本酒愛好家などから、主催者に多くの提案が寄せられました。それは、引き続きハワイでの審査を行うだけでなく、一般公開利き酒会をアメリカ本土でも開催してはどうか、というものでした。

その声を受け、「ジョイ・オブ・サケ」は２００３年にサンフランシスコで、そして２００４年にはＮＹでも開催されるようになりました。

さらには２０１０年、開催10回目を機に東京に初上陸、以後毎年東京でも開催されています。日本にとっては言わば逆輸入型の日本酒イベントというわけです。アメリカで評価された著名な日本酒が一堂に会し、キラ星の如くに並ぶ様は圧巻でした。賞に輝いた蔵元が会場に姿を見せ、晴れがましい笑顔で対応してくれるのも来場者には嬉しいサプライズです。日本酒が身近にあると思っていた日本人にとって、その存在を改めて見つめる機会にもなりました。ステージではハワイアン音楽がライブで演奏され、パーティー感満載というスタイルも、日本酒の新しい楽しみ方を提案しています。

２０１８年にはロンドンへと開催地を広げ、「ジョイ・オブ・サケ」はグローバルな利き酒イベントへと発展しました。

２０１９年にはホノルル、ＮＹ、東京の３都市で開催

ジョイ・オブ・サケNYにアペタイザーを出展した「酒蔵」イーストビレッジ

２０１９年には「ジョイ・オブ・サケ」はホノルル、ＮＹ、東京の３都市で開催され、延べ３５００名を超える来場者がテイスティングを満喫しました。いずれの会場でも前売りチケット完売の盛況ぶり。「ジョイ・オブ・サケ」が好評を博すことで、全米日本酒歓評会の出品蔵数も増加し、19回目のエントリー酒の数は、過去最多となる５１２品で、そのほぼ半数が高級な大吟醸酒でした。優秀な評価を得た出品酒に金賞と銀賞が授与され、その中でも特に高得点を獲得した出品酒にグランプリ、準グランプリが贈られます。

ＮＹでは15回目の開催となり、メトロポリタン・パビリオンを会場に壮大なバラエティーの日本酒が、どれも最高のコンディションで並びました。一緒に用意されたのは多彩なジャンルのアペタイザーで、ＮＹの人気レストラン19店による創作料理が会場を盛り上げます。来場者は一夜限りの美酒と美食の饗宴に夢見心地。ＴＩＣグループも「酒蔵」が出店オファーを受け、サマートリュフを使ったチキンパテと、ハスの葉に包んで蒸したご飯に焼いたウナギをトッピングした寿司の２種を用意して、日本酒とのマリアージュを提案しました。

東京での開催は毎年11月、五反田のＴＯＣビルで行われています。２０１９年は東京初開催から10回目の記念すべき節目の会となりました。人気のレストランによる美味しい料理の数々が一度に味わえることも人気の理由で、今回のJOY OF SAKE TOKYOでは、毎回お馴染みになっている横浜中華街の老舗「重慶飯店」や、イタリア料理店「IL GHIOTTONE（イルギオットーネ）」などの有名店に加え、ミラノで開催されたベジタリアン料理の世界大会「The Vegetarian Chance」のトップ８や「日本ベジタリアンアワード２０１９」の料理人賞の受賞歴を誇る国際的シェフのHITOSHI SUGIURA氏が初参加。和洋中とジャンルもさまざまな15店の実力派シェフが、日本酒に合う創作メニューを提供しました。ハワイ発祥のイベントらしく、国際色の感じられる雰囲気の中、来場者は日本酒とのペアリングを堪能しました。

海外日本酒醸造の元祖はオアフ島で旗揚げ

「ジョイ・オブ・サケ」のオーガナイザーはアメリカ人のクリス・ピアスさんです。彼はハワイのオアフ島で日本酒を造っていたホノルル酒造の副社長、故・二瓶孝夫氏に影響を受けて、日本酒に興味を持ちました。二瓶氏のレポートによれば、ハワイには昭和初期、禁酒法が撤廃されると次々に酒造会社が誕生し、一時期は7軒を数えたそうです。1社は卸業に転向したそうですが、海外日本酒醸造の元祖はこのホノルル酒造だったと発表しています。建物はコンクリート総二階建て、日本でも見られないほどの高度な設備を備え、四季醸造を行っていたそうです。発売された銘柄は「宝正宗」「宝娘」など。ちなみに二瓶氏の研究によって、ホノルル酒造は恒常的に泡なし酵母を使った世界初の酒蔵となったと伝わっています。

こうした二瓶氏に刺激されて日本酒愛に目覚めたピアスさんは、「国際酒会」を組織して初代会長となりました。当初はお土産やお気に入りの酒を持ち寄り、30人ぐらいが集まって宴を楽しむ会でした。やがてそれは「七夕を楽しむ会」や「月見酒の会」になり、その頃には１００名近くが集まる日本酒の会になっていたそうです。

そして１９９９年には、日本酒に特化した輸入業「WORLD SAKE IMPORTS」をスタートさせます。私はピアスさんとはその頃からの付き合いで、彼の扱う上質な日本酒は

NYの私の店でも人気がありました。ピアスさんの招待で、日本の蔵元巡りにも連れて行ってもらい、日本酒の多くを学ばせてもらいました。「出羽桜」「真澄」などの蔵に初めて訪れたのはこの時です。アメリカ人でありながら日本酒への情熱並々ならぬピアスさんですが、ともに蔵巡りをして、研究熱心な姿を目の当たりにし、ますます彼に惹かれたのでした。

「ジョイ・オブ・サケ」の盛り上げ役として

「ジョイ・オブ・サケ」がホノルルでスタートすると、その3年後にはNYでの開催が決まりました。私はNYでの第1回目の開催からピアスさんの要請で、日本食レストラン「酒蔵」としてブースを出させてもらっています。アペタイザーを出品して、来場者に日本酒とのペアリングを楽しんでもらうためです。立食パーティーにふさわしいフィンガーフードで、数々の吟醸酒の香味を引き立てるメニューの工夫に、シェフとタッグを組んで取り組んできました。パーティーメニューはともすれば奇をてらいがちですが、私はどんな場合でも、素材の良さを第一に本物の味の追求を信条としてきました。

例えば私の店舗のひとつに蕎麦屋がありますが、昆布、椎茸、荒削り、最後に花カツオを加えて作る一番出汁に3日間寝かせたかえしを混ぜて蕎麦つゆにしています。かえしは厳選した醬油と味醂と砂糖を入れて沸騰しないように火にかけ、その後、温度が一定の暗い場所に置いて熟成させています。こんな手のかかることはよほどの所じゃないと今はやっていないとよく言われますが、私は20年前からＮＹでずっとこの方法で、できあいは使わずにやってきました。それが「蕎麦前」で楽しむ日本酒への礼儀だと考えるからです。出汁巻き玉子と焼き海苔、天抜きで酒を楽しみ、〆に蕎麦をたぐるというのが江戸時代からの粋な蕎麦の嗜み方です。こうした日本の食文化を伝えることも私の役目だと思っています。

全てに手を抜かず全力で取り組むことが、日本酒の引き立て役に徹することに通じると思います。「ジョイ・オブ・サケ」の会場に第１回から参加させてもらい、現在まで続けてこられたのもこの頑固さ故と思っています。

温度で繊細に変化する日本酒

日本酒の流通に30年近く携わってきて、当初と変わったと感じているのは輸送に関する気配りです。どんなに丁寧に造られた美味しい酒でも、輸送の間に劣化してしまう例がありました。ですから冷蔵コンテナや冷蔵設備の技術的向上に、全米日本酒歓評会やジョイ・オブ・サケの果たした役割は大きいと思います。出品酒の多くは繊細で香りを大事にする吟醸酒だからです。また、醸造元でも輸送を考慮した酒質設計が考えられるようになっていると思われます。

こうしたことから、燗酒で提供するしかないような温度管理、品質管理は減少してきたと思います。と言っても、燗酒を否定するわけではありません。日本酒は温度違いで味わいの変化が楽しめる希少なアルコール飲料だからです。

一口に燗酒と言っても、いろいろな温度帯があって日本語では優雅な呼び名が付けられています。約30℃は「日向燗」と呼ばれ、冷たくも温かくも感じない温度。香りがやや立ってきてなめらかな口当たりになります。約35℃は「人肌燗」で体温と同じぐらいの温度。米の香りが引き立ちます。約40℃は「ぬる燗」で、香味が開花してしみじみ美味しいと感じられる温度です。

約45℃は「上燗」と言ってツウ好みの温度。注ぐと湯気が立ち、ふくらみながらも引き締まった味わいが楽しめます。約50℃がいわゆる「熱燗」。味がシャープになり、切れ味も鋭くなります。約55℃が「飛び切り燗」。徳利は持てないほど熱く、鼻にツンとくる刺激臭があります。味わいはかなりの辛口に。

反対に冷酒にも温度によってエレガントな名称があります。

約20℃は「常温」。「冷や」と呼ばれることもあります。冷蔵庫のない時代、お燗しない酒は「冷や」と呼ばれました。香り柔らかくソフトな味わいで、その酒の本来の香味が楽しめます。約15℃は「涼冷え（すずびえ）」。冷蔵庫から出して15分ほど放置した温度で、華やかな香りが立ち、まろやかな味わいになります。

約10℃は「花冷え」です。数時間冷蔵した状態で、香りは控えめになりきめ細かな口当たりになります。約５℃は「雪冷え」で、瓶に結露ができる状態。冷蔵後に氷で冷やすとこの温度になります。香りはほとんど感じられず、味わいも固めです。

一般に、「吟醸酒は冷酒」で、「本醸造や普通酒はお燗」でと言われていますが、そうした常識にとらわれていると日本酒に秘められた計り知れない魅力に気づけず、もったいないという意見もあります。確かに香りが高く爽やかな吟醸系の酒は、冷やすと酸がシャープになり、より美味しく感じられます。普通酒は温度を上げると醸造アルコールより米の旨みが広がり、まろやかになるのも事実です。温度に対して繊細な変化を見せる日本酒は、いろいろ自由に試して自分好みを見つけることをお薦めします。

その7　世界の乾杯酒を目指す「awa酒」の応援

ハレの日を飾るスパークリング

世界の多くのハレの場面で乾杯に使われているのは、スパークリングワインの女王「シャンパン」です。フルートグラスの中でキラキラ弾ける泡は華やかで、ラグジュアリーな時間を過ごすのに似合うワインと言えます。

発泡しているワイン全般を日本ではスパークリングワインと呼んでいます。スペインでは「カバ」、イタリアでは「スプマンテ」、フランスでは「ヴァン・ムスー」で、シャンパンと同じ瓶内二次発酵方式で造られたものを「クレマン」と呼びます。

ご存知のように、クレマンの中でもフランスのシャンパーニュ地方で生産されたもののみがシャンパンと名乗れます。フランスのワイン法により、シャンパンを自称してもよいと認定されたものに限られているのです。この規定は厳しく、原料となるブドウの産地にはじまり、ブドウ品種、収穫方法、醸造方法、瓶詰め後の熟成期間など細かく定められています。

日本でも伝統行事やお祝いの席、多くのハレの場面で、近年、乾杯にはスパークリングワインが選ばれています。弾けるような飲み心地と爽快感が宴の始まりにふさわしいからでしょう。

こうしたハレの乾杯シーンに、ワインではなく「スパークリング日本酒」を！　という想いから誕生したのが「awa酒」です。そして２０２０年東京オリンピック・パラリンピックの乾杯酒にawa酒を採用してもらうことを目指して、２０１６年には「一般社団法人awa酒協会」が起ち上げられました。オリンピックで来日する多くの海外からのお客様にもawa酒で乾杯してもらい、日本酒の魅力を海外に持ち帰ってほしいという願いも込められています。

awa酒協会とは

awa酒を醸す日本各地の蔵元で構成される一般社団法人です。awa酒の認定基準を定め運用することによる品質向上、市場での普及促進、マーケティングやブランディング戦略の立案を通じて、awa酒の市場拡大に貢献することを目的としています。

awa酒協会の永井理事長は設立に際して次のように語っています。

「日本のawa酒が世界の乾杯シーンで、シャンパンやスパークリングワインと肩を並べる存在になることを目指しています。また、2020年の東京オリンピック・パラリンピックでは、awa酒をウェルカム乾杯酒としてさまざまな国から訪れる外国人観光客を大いに歓迎したいと思います。今後、全国各地の蔵元同士が連携を強め、各地の特色ある自然や文化を生かした酒造りに励み、『日本の地域から世界へ』を合言葉に、awa酒を通じて世界の人・場所・文化を繋げていくことに貢献してまいります」

永井さんはawa酒の先駆けとなる商品を開発した群馬県永井酒造の蔵元です。世界に通用する日本酒を創るとの決意から、スパークリング日本酒の商品化を計画しました。そして世界のスパークリングワインの最高峰・シャンパンを生み出すシャンパーニュ地方に出かけ、伝統製法「瓶内二次発酵」の手法を日本酒に応用する研究を続けました。

酵母菌が発酵の際に出す炭酸ガスを自然な状態で封じ込め、かつ透明に仕上げるための手法です。しかもガス圧はシャンパンと同じに5気圧を超えるものにしたいと、細かなことにまでこだわりを貫いたため、そのガス圧に耐えられる瓶の選択などに苦労し、完成までに700回もの失敗を繰り返したそうです。

こうして構想から10年、膨大な時間と費用を費やして2008年、スパークリング日本酒「MIZUBASHO PURE」が誕生しました。

awa酒とはどんな酒？

awa酒は、二次発酵から発生する炭酸ガスを有し、ガス気圧が３・５バール以上であることなど、製造方法、品質に厳格な基準が定められています。外部の専門機関とともに認定基準を遵守しているかの検査を行い、全ての基準を満たした銘柄にのみ「awa酒」の呼称を認めています。

透明だけどガスを注入するスパークリング、二次発酵だけど濁っているスパークリング、日本のスパークリングは主にこの２つのどちらかになります。awa酒協会では、瓶内二次発酵で、濁らず透明で、シャンパンと同じ強いガス気圧を持ち、グラスに注いだときにシャンパンと同じように一筋の泡が立ち上がるスパークリングを規定していす。awa酒は日本のスパークリングの歴史に新たな一頁を刻んだと言えるでしょう。

awa酒 MIZUBASHO PURE

またawa酒の認定を受けるためには、awa

酒協会のメンバーになることが必要です。認定されると、商品にナンバリング付きのホログラムシールを貼ることができます。

以下に認定を受けるための基準を紹介します。

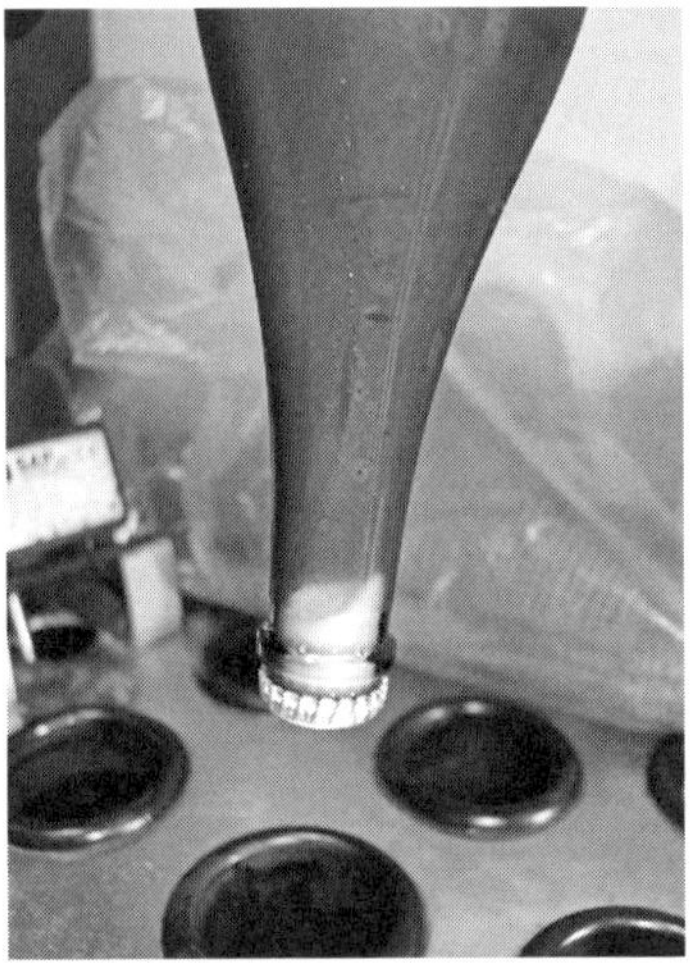
シャンパンのデゴルジュマンと呼ばれる澱引きの手法を用いるawa酒

1．米、米麹、水のみを使用した日本酒であること
シャンパンでは、ドサージュといって最終工程で高い酸味とバランスをとるために、リキュールで糖分を添加することがあります。しかし、awa酒は米、米麹、水のみを使用。微調整するための添加物は入れていません。
2．3等以上に格付けされた国産米を100％使用すること
3．二酸化炭素充填ではなく瓶内二次発酵により自然に生れた炭酸ガスを有すること
スパークリング日本酒には炭酸ガスを充填することで発泡させた商品が多いのですが、awa酒は瓶内二次発酵によるきめ細やかな泡を有しています。
4．濁りではなく澱引きをした透明な外観であること

awa酒の大きな特徴のひとつは透明であることです。クリアな酒の中でキラキラと一筋泡の立ち上る様子が、世界の乾杯酒としてあるべき姿だとの理念があるからです。活性にごり酒で発泡している日本酒もあり、人気があるのですが透明ではないため、awa酒の基準は満たしません。シャンパンのデゴルジュマンと呼ばれる澱引き法を参考に、透明な発泡酒にしています。ボトルを逆さまにして瓶口を氷点下の溶液に浸し、瓶口に集められた澱を氷塊にして瓶から取り出す手法です。

5．アルコール度数が10％以上であること
スパークリング日本酒には女性を意識した低アルコール（4～5％程度）の商品が少なくありませんが、awa酒は度数が10％以上と定めています。シャンパンはアルコール度数が一般的に11～12％ですから、シャンパンに近い度数を想定しているようです。

6．ガス圧は20℃の気温で3・5バール以上であること
シャンパンは常温で5バール程度以上であることと規定しているので、ガス圧の点でもシャンパンを意識していると言えます。

awa酒協会のメンバーは？

２０１６年に9蔵でスタートしたawa酒協会ですが、４年目を迎えた２０１９年11月、メンバー蔵は23蔵を数えました。理事長は群馬県永井酒造の永井則吉氏、副理事長は岩手県南部美人の久慈浩介氏と埼玉県滝澤酒造の滝澤英之氏が務めています。

メンバー蔵は、日本酒に澱を残して炭酸ガスを発酵させる「瓶内二次発酵」により、生じた自然の炭酸ガスを封じ込めた後、デコルジュマンによって澱引きして完成させた透明なスパークリング日本酒を製造しています。

喉越し爽やかな清涼感が特徴で、協会では一定の基準を満たしたものだけを「awa酒」と認定しています。その後も定期的な検査を実施して、各蔵の個性は尊重されつつも品質の維持が図られています。

以下が２０１９年11月現在のメンバー蔵と商品名です。入会間もないため、一部商品名が発表されていない蔵もあります。

八戸酒造（青森県）陸奥八仙DRY SPARKLING
南部美人（岩手県）南部美人 あわ酒スパークリング
秋田清酒（秋田県）出羽鶴 明日へ
出羽桜酒造（山形県）出羽桜AWA SAKE

人気酒造（福島県）　人気一 あわ酒スパークリング純米大吟醸
豊國酒造（福島県）　SPARKLING TOYOKUNI
八海醸造（新潟県）　八海山 瓶内二次発酵酒あわ
須藤本家（茨城県）　郷乃誉
第一酒造（栃木県）　開華 AWA SAKE
永井酒造（群馬県）　MIZUBASHO PURE／MIZUBASHO雪ほたかAwaSake
滝澤酒造（埼玉県）　菊泉ひとすじ　菊泉ひとすじロゼ
福光屋（石川県）　福光屋
黒龍酒造（福井県）　黒龍
山梨銘醸（山梨県）　七賢 星ノ輝／七賢 杜ノ奏（もりのかなで）
宮坂醸造（長野県）　真澄 スパークリング
三和酒造（静岡県）　臥龍梅（がりゅうばい）
伊藤酒造（三重県）　鈿女（うづめ）
明石酒類醸造（兵庫県）　明石鯛
千代むすび酒造（鳥取県）　CHIYOMUSUBI SORAH
綾菊酒造（香川県）　綾菊

喜多屋（福岡県）　喜多屋 スパークリング クリスタル
天山酒造（佐賀県）　天山スパークリング
八鹿酒造（大分県）　八鹿awasake 白虹

awa酒に合わせる料理

awa酒には満たすべき品質基準として、「火入れ殺菌済みであること」と、「常温で3カ月間以上品質や香味が安定していること」が、条件として設けられています。冷蔵保存しなくていいのは、流通業者や消費者にとって嬉しいことですが、この基準は、広く国内のみならず海外での流通を目指しているためだそうです。ただし、飲む際にはボトルをよく冷やすことをお薦めします。

それでは数あるawa酒の中から、いくつかセレクトして料理とのペアリングの例を考えてみます。

「MIZUBASHO PURE」は群馬県北部の川場村に蔵を構える永井酒造の商品。協会の理事長を務める蔵元の永井則吉氏が開発した酒です。スパークリング日本酒として歴史もあり、awa酒を牽引するブランドと言えます。尾瀬連峰武尊《ほたか》山の麓、澄んだ空気と水に恵まれた環境で造られています。兵庫県三木市別所地区産の最高級「山田錦」を使い、アルコール度13度、米の可能性と魅力を引き出した作品となっています。「ワイングラスでおいしい日本酒アワード」２０１９スパークリングSAKE部門にて、金賞を受賞しました。味わいはライチやチェリーの香りとともに米の旨みが感じられ、しっかりとしたアルコール感もあって華やかな印象。グラスに注いだときの外観の美しさも圧巻です。バランスがいいのでシチュエーションを選ばず楽しめますが、ブルーベリーやナッツをあしらったカナッペ、フレッシュな野菜と魚介を使った前菜と一緒に、食前酒として味わうのが一番似合うと思います。

なお、川場産のブランド米「雪ほたか」を使い、地元のテロワールをアピールした「MIZUBASHO 雪ほたかAwa Sake」は、同じスパークリングSAKE部門で最高金賞に輝いています。

この「ワイングラスでおいしい日本酒アワード」は、日本酒の広がりのために超えるべき3つのボーダー、つまり若年層へのアプローチという「年齢の壁」、和食以外とも相性がいいという「業態の壁」、そして世界へ羽ばたかせるために超えなければならない「国境」という壁を超えていくために、２０１１年から開催されています。

「南部美人あわさけスパークリング」は岩手県の南部美人が挑戦した新しいスパークリング酒。ヴィーガンやコーシャを取得するなど、グローバルな視点で酒造りをしている蔵元の久慈浩介氏は、awa酒は現代の最新技術と理論で造る「革新の酒」と語っています。またawa酒協会の主旨に賛同し、起ち上げ時から参加して副理事長を務めています。

世界一の市販酒を決めるコンテスト「SAKE COMPETITION」では、新設の「発泡清酒」部門で2017、2018と2年連続で第1位を受賞しました。梨のような心地よい吟醸香もさることながら、ふわっとした優しい口当たりに驚かされます。スパークリングの爽やかさもありながら、後味にしっかりと米の旨みが残るバランスの良さも印象的。アルコール度は14度です。料理は三陸沖に上がる鮮魚、ウニやホタテを使った前菜や冷たいスープに合わせてみたいと思います。

協会のもう一人の副理事長、滝澤酒造の滝澤英之氏が杜氏として自ら造っているのが「菊泉ひとすじ」です。埼玉県深谷市で1863年に創業、代表銘柄「菊泉」は全国新酒鑑評会では2011年以降だけでも4回連続金賞受賞、ロンドンで開かれるインターナショナルワインチャレンジ（IWC）SAKE部門では2年連続ゴールドメダル獲得と、高い評価を得ている酒蔵です。

「菊泉ひとすじ」は埼玉県産の「さけ武蔵」と「五百万石」を使い、日本酒度マイナス30、アルコール度12度に仕上げています。パリで開催されたKuraMaster2019では金賞を受賞しました。強めの甘味と酸味がバランスよく調和し、awa酒の中ではかなりシャンパンに近い味わいと言えます。凍らせたいちごを浮かべてカクテル風に飲むのが女性たちの間で人気。甘くて酸味があるので単体で飲んで美味しいawa酒です。埼玉名産の深谷ネギをグリルで焼いて、ネギの甘味をお供に楽しむのも一興です。

同じ原料米を使い、赤色酵母で醸した「菊泉ひとすじロゼ」は、日本酒業界初のロゼタイプの本格的スパークリング日本酒です。薄紅色でいちごのような香りが女性たちを魅了しています。「菊泉ひとすじ」を柔らかくソフトにした飲み心地で、デザート酒としてお薦め。乳酸が豊富なので同じ発酵食品のチーズなどとよく合います。

バラエティ豊かで広がる飲用シーン

一口にawa酒と言っても、味はバリエーションに富んでいて飽きさせません。通常の日本酒に瓶内二次発酵、澱下げなどさらに手間をかけて造っているため、奥深い味わいと豊かな表情を見せてくれます。それ故に提供方法も数知れず、まだまだ私たちの知らない魅力を秘めていると言えます。それを探り新たな食との組み合わせを発見して、提供できるという将来性に私は賭けたいと思っています。

そのためにＮＹの私の店でも、積極的にawa酒を採用しています。「南部美人」「八海山」「出羽桜」「水芭蕉」「真澄」「千代むすび」などの蔵からawa酒を選んでいただけるように取りそろえ、スタッフも提供方法を研究しています。

ひとつ問題なのは、発泡性のためグラス売りで提供ができないことです。一度開栓したら全部飲みきってしまわないと、スパークリングではなくなってしまうからです。そのため、お一人様だと1本飲みきるのは難しく、お薦めするのもためらってしまうことがあります。

こういう状況に備えて、３６０㎖の飲みきりサイズを出している蔵もあります。価格的に安い商品ではないので、少容量のものはありがたいのですが、見栄えや存在感では見劣り感が否めません。グループで来店のお客様には、まずはawa酒での乾杯をお薦めしています。

面白いawa酒としては山梨銘醸の「七賢杜ノ奏（もりのかなで）」があります。サントリー白州蒸留所のウイスキーの樽を用いて熟成させたawa酒です。七賢の仕込み水は甲斐駒ヶ岳からの伏流水。ユネスコエコパークに認定された南アルプスに含まれる山です。マグマが地下で花崗岩となり、長い年月をかけてその地層に磨かれた白州の水は、サントリーのウイスキーを育んできました。
「七賢杜ノ奏」は、古くからアルコール文化が根付いていた白州の地域性をテーマに、商品開発されました。ウイスキーの樽で日本酒を寝かせたらどんなハーモニーが生れるのか、想像するだけでワクワクします。しかも白州の水で繋がる日本酒とウイスキーのコラボです。

果たして誕生したのは、メープルシロップやバニラのような、ウイスキー樽由来の甘い香りを宿した日本酒でした。選んだ樽からは白州の森を歩くような爽快感と、豊かな木々の緑の香りが感じ取れたそうです。その樽で約1カ月熟成させて瓶詰めし、瓶内二次発酵させせてから加熱殺菌。awa酒「七賢杜ノ奏」の完成です。原料米は「あさひの夢」と「ひとごこち」、アルコール度は12度。ミネラル感と甘い木樽の香りが融合するスパークリングには、メロンや柿を生ハムで包んだ前菜を提案したいと思います。

そのほかにも興味を誘うawa酒があります。「ワイングラスでおいしい日本酒アワード」２０１９のスパークリングＳＡＫＥ部門で、最高金賞を受賞した「人気一あわ酒スパークリング純米大吟醸」もそのひとつ。福島県二本松で「人気一」を醸す人気酒造のawa酒です。「五百万石」を原料に安達太良山からの伏流水で造るawa酒は、きめ細かい泡が美しく、ほんのりした甘味と穏やかな酸味が特徴です。アルコール度13度、日本酒度マイナス12、酸度3・2というスペック。なるほどバランスのいい数値です。福島県の名産品として知られる桃を日本酒でコンポートにして、合わせてみるのもいいでしょう。

同じく「ワイングラスでおいしい日本酒アワード」で金賞受賞のawa酒に「CHIYOMUSUBI SORAH（千代むすび そら）」があります。鳥取県の千代むすび酒造のお酒です。SORAHは「美しいオーロラ」「朝焼けの星」の意味だそうで、クリアな空気感をイメージさせます。その名の通り、すっきりとクリアな後味が魅力ですが、米の旨みがしっかり出ていてズシンとくる飲み応え。鳥取県産の酒造好適米を使用とのことですが、その米由来の力強さと思われます。アルコール度12度、食前酒よりも食中酒に適したawa酒だと感じます。従って肉料理、牡蠣フライ、オリーブオイルを利かせたマグロやサーモンのカルパッチョなどともよくマッチします。

awa酒を応援する理由

このように可能性に満ちていることが、awa酒を応援する理由です。東京オリンピックを機に「乾杯酒として世界で注目」されると考えられるし、「さまざまな食事シーンに適応」できるからです。

シャンパンに近いアルコール度数で、辛口から芳醇まで味わいもバラエティに富んでいるため、食前だけでなく食中、食後酒にも適応できます。それも和食だけでなく、世界のいろいろな料理と相性がいいのも強みでしょう。ワイン世界に打って出られる、つまり世界市場に通用する日本酒だと感じています。

awa酒協会も幅広い活動で認知拡大に励んでいます。ＳＳＩでの料飲業関係者を対象にしたセミナーや、国内最大手のワインスクール「アカデミー・デュ・ヴァン」でのawa酒セミナー、一般に向けてのawa酒お披露目会などがその一例です。

また２０１９年には協会の２回目のフランス研修を実施し、シャンパーニュのメゾン訪問他ワインのプロフェッショナルに向けた講演会・試飲会を行いました。こうしたメンバー一同の向上心・向学心の豊かさが、今後awa酒をもっと魅力的なものにしていくと思われ、誇りを持って世界に発信していきたいと思っています。

おわりに

私がアメリカに渡ってきてから50年余りの歳月が流れました。忘れもしません、1968年10月、19歳の私はわずか500ドルの所持金を懐に、横浜から船に乗ったのです。そしてサンフランシスコからグレイハウンドのバスでアメリカ大陸を横断。目指した先はフィラデルフィアでした。

渡航のきっかけは大学進学の道を閉ざされたことです。受験前夜、親友の下宿に泊めてもらい、一宿一飯の恩義に報いようと受験当日の朝、親友の牛乳配達のアルバイトを手伝いました。そして、まさかの失態を演じてしまいました。受験開始時刻に10分遅れたため、試験を受けることができなかったのです。

英語科のある東京の大学を目指していた私は、中学時代から英語の弁論で県大会に出場するぐらい自信があったため、滑り止めは考えていませんでした。想定外のアクシデントに茫然自失。しかしすぐに切り替えました。浪人して一年待つよりか、英語圏の国へ行ってしまおうと決断しました。

茨城県の港町・波崎に生まれた私は、少年時代を海で遊んで過ごしました。太平洋を眼前にして、この海の向こうにはアメリカがあると夢をふくらませていたのです。ですから渡航先には迷うことなくアメリカを選びました。

それからは座間の米軍キャンプでアルバイトの日々、実践英語のためと渡航費を貯めるのが目的でした。ここで知り合った黒人兵の出身地がフィラデルフィアだったのです。彼の親の住所をメモした一枚の紙切れだけが頼りでした。

こうしてたどり着いたフィラデルフィアの黒人街で、私は4年ほど飲食業界で過ごしました。皿洗い、バーテンダー、ダイナーズレストランのマネージャーも経験しました。

「踏まれても根強く忍べ道芝のいつしか花咲く春もくるらん」

4歳で父を亡くした私を不憫に思って、母はことある毎に詠み人知らずのこの歌を私に聞かせました。その母を思い出して懐郷病にかかったこともありました。

そして24歳の時、見聞を広げようと世界一週の旅に出たのです。フィラデルフィアからアメリカ各地を巡り、NYからヨーロッパへ。ドイツ、スイス、ユーゴスラビア、ギリシャを経てトルコから中東の国々を周りました。イラン、アフガニスタン、パキスタンからインドへ。そこからネパール、タイ、ラオス、香港、台湾をさまよい、東京に帰ってきたときは25歳になっていました。

久しぶりの故国も安住の地には思えません。私は再び希望の国アメリカに渡ります。その中でも一番心惹かれたのがＮＹの雑踏でした。雑多な人たちの中に身を置くと、自分が異邦人だとは思えない安心感がありました。

私の座右の銘は、宮本武蔵の『独行道』の一節から抜粋した「我 後悔せず」という言葉です。この一節を揮毫して、責任を持ってことに臨めば後悔はしないと、15歳の私を諭してくれたのは母方の叔父でした。高校に入る前に1年間、志願して少年自衛隊に入隊したのも、父がいたら厳しく鍛えられたであろう精神を、強くしたいという思いからでした。こうして1年遅れで高校生活を送り、大学で好きな英語の勉強をするつもりが19歳にして夢破れてしまったのです。

夢の続きはアメリカで探すことにして、最終的にはＮＹのマンハッタンはイーストビレッジに腰を落ち着けました。ここで飲食店を開くことを胸に秘めて、レストランに食材の御用聞きをして回りました。同時に八百屋の店舗を設け、食材の仕入れルートや目利きの仕方を探りました。そして１９８０年にはアメリカ市民になり、ついにアメリカンダイナーズレストラン「１０３」をオープンします。若き日のマドンナやアンディ・ウォーホル、キース・ヘリング、バスキアなどのアーティストも顔を見せる店となり、10年間営業しました。

一方で日本人として日本料理を広めたいという想いがありました。１９８４年、廃墟のようなビルを手に入れ、その一画をリノベーションして江戸前の鮨屋を開業しました。幸いにもこの店に日本食の確かな手応えを感じて、次々に鮨と和食の店をオープン。1992年にはシャブシャブの「しゃぶ辰」、翌年には日本酒の酒場「でしべる」、さらに日本酒のレストランバー「酒蔵」を開き、次第に日本酒の取り扱いが増えていきました。天抜きで粋に蕎麦前も嗜める「蕎麦屋」、たこ焼きとお好み焼などの「お多福」、関東風醤油ラーメンの「来々軒」、日本茶と和菓子の「茶庵」、日本のカレー専門店「咖喱屋」に、お弁当ショップの「KIOSUKU」と、どんどんアイデアは形になっていきました。ほかにも炉端焼きやライスバーガーなどの店舗もありましたが、時代に応じてスクラップ&ビルドしてきました。

「なんでそんなに業態を広げるのか、鮨もシャブシャブも蕎麦も楽しめる店をチェーン展開した方がよっぽど効率がいいのに」と、周囲の人たちは忠言してくれます。確かに効率や利益率を考えるなら、その方がいいでしょう。

しかし、私はどの料理にもできうる限り本物を求めたいと思っているのです。蕎麦は東京で藪蕎麦を研究し、蕎麦粉は信州安曇野から取り寄せて毎日、店頭で手打ちしています。カレーにしても東京のカレーで有名なホテルや専門店を食べ歩き、納得できるスパイスの調合で作り上げています。本物を追求すればそれなりの設備も職人も必要で、専門店にせざるを得ません。

一般にNYでは外食の値段が高額ですが、私は誰でも楽しめるリーズナブルな価格で、本物の味を提供したいと創意工夫をしてきました。日本から立ち食いステーキの店が進出してきて多店舗展開しましたが、成功とは言えない結果になりました。アメリカにはステーキ文化があって、ステーキを食べるときは正装とまではいかなくても襟を正してテーブルに着くのです。ですからちゃんとしたカルチャーを大事にしないと、海外における日本食も長くは続かなくなると自分を戒めています。日本の食文化はまだまだこれからアメリカで紹介できると思います。日本食と日本酒の組み合わせも、近年は山廃や古酒への関心が高まってきました。こうしたお酒に合わせる料理の開発も必要で、特に古酒はこれから伸びると感じています。

長くなりましたが、イーストビレッジを歩くと数ブロックの間に鮨や蕎麦屋、酒蔵の看板が見られ、ラーメンの赤ちょうちんがぶら下がっていて、ここはNYなのかと目を疑いたくなるはずです。ベーグルもピザもハンバーガーも美味しいですが、エキゾチックもまた多くのニューヨーカーに親しまれていることを肌で感じることでしょう。近くにはNY大学があり、昨今のイーストビレッジは若者の探究心を誘う町になっています。こうした若者たちと世界各国から訪れるツーリストに、もっと関心を持ってもらえるような「エキゾチック」を極めたいと思います。

最後に、本書では銘柄紹介について品評会やコンテストでの受賞歴に触れました。しかし、どのコンテストに出品するかは蔵元の自由意思です。中には多くのファンがいるのに一切のコンテストに参加しないという信念の蔵もあります。また出品してたとえ入賞しても市場には出さない、ただ蔵の技術の向上のために挑戦するという蔵もあります。ですから賞に輝いたお酒だけが素晴らしいわけではありません。ゴールドやシルバーのメダルに輝かなくても、飲む人の気持ちに寄り添ってくれる素朴ないでたちの酒もあります。凜とした矜持を持った孤高の酒もあります。そうした酒との出合いを探して、この一献、一期一会の気持ちで私は臨んでいます。

さらに、職業柄、酒を口にするとこんな料理と合わせたいとつい考えてしまうのですが、日本酒は本来どんな料理ともマッチするもの。飲むたびに懐の深さを教えられています。ですからペアリングの例は酒をイメージするためのもの、あくまでも参考にと考えてください。ご自身の舌で美酒佳肴に出合っていただきたいと思います。

末尾となりましたが本書刊行にあたり、企画進行にご尽力いただいた株式会社ＰＨＰ研究所の中澤直樹氏、お忙しい中、蔵をご案内くださった酒蔵の各お蔵元に、心より感謝申し上げます。また、私に日本酒の本質を教えてくださったＳＳＩの創設者・右田圭司氏、日本酒への情熱を啓発してくださった「ジョイ・オブ・サケ」の創設者クリス・ピアス氏なくして、今日の私はあり得ないことを申し添え、深謝いたします。そして大学入学試験の前夜、宿と励ましの夕飯を提供してくれ、渡米後もともに八百屋を起業した竹馬の友・若山和夫君の存在も忘れられません。

本書にはご紹介できませんでしたが、ＮＹに日本酒を出荷してくださっている沢山のお蔵元、一緒に日本酒の魅力を伝えるため切磋琢磨し合っているＴＩＣグループのスタッフ、そして好き放題の私を支えてくれる家族の共子、さくら、大八にも「ありがとう」を言います。蔵巡りのスケジュール調整とコーディネートにお骨折りいただいた「酒サムライ」の百瀬あゆちさん、そして資料整理とインタビューを担った日本酒ライターの八田信江さんにもご苦労をおかけしました。ありがとうございます。

八木・ボン・秀峰

TICレストラングループの店舗

	ADDDRESS	TEL #	HP
TIC RESTAURANT GROUP	232 E 9th St. New York, NY 10003	212-228-3030	https://www.tic-nyc.com
HASAKI RESTAURANT	210 E 9th St. New York, NY 10003	212-473-3327	https://www.hasakinyc.com
SAKAGURA	211 E 43rd St, #B1 New York NY 10017	212-953-7253	https://www.sakagura.com
SAKAGURA EASTVILLAGE	231 E 9th St. New York, NY 10003	212-979-9678	http://sakaguraeastvillage.com
SOBAYA RESTAURANT	229 E 9th St. New York, NY 10003	212-533-6966	https://www.sobaya-nyc.com
HI-COLLAR	214 E 10th St. (E) New York, NY 10003	212-777-7018	https://www.hi-collar.com
SAKE BAR DECIBEL	240 E 9th St. New York, NY 10003	212-979-2733	https://www.sakebardecibel.com
CHA-AN TEAHOUSE	230 E 9th St. #2F New York, NY 10003	212-228-8030	https://www.chaanteahouse.com
CHA-AN BONBON	238A E 9th St. New York, NY 10003	646-669-9785	https://www.chaanteahouse.com/bonbon
SHABU-TATSU	216 E 10th St. New York, NY 10003	212-477-2972	https://www.shabutatsu.com
CURRY-YA	214 E 10th St. (W) New York, NY 10003	212-995-2877	https://www.nycurry-ya.com
CURRY-YA	746 9th Ave, New York, NY 10019	646-998-4810	https://www.nycurry-ya.com
CURRY-YA	844 2nd Ave. New York, NY 10017	646-682-7788	https://www.nycurry-ya.com
CURRY-YA	1467 Amsterdam Ave. New York, NY 10027	646-861-3833	https://www.nycurry-ya.com
RAI RAI KEN	218 E 10th St. New York, NY 10003	212-477-7030	https://www.rairaiken-ny.com
RAI RAI KEN	1467 Amsterdam Ave. New York, NY 10027	917-639-3342	https://www.rairaiken-ny.com
KIOSUKU	211 E 43rd St, #1 New York NY 10017	212-557-5205	https://www.kioskukiosku.com

NY「酒蔵」の主な取扱い銘柄

銘柄	醸造元	生産地
男山	男山	北海道
大雪	高砂酒造	北海道
田酒	西田酒造店	青森
陸奥八仙	八戸酒造	青森
あさ開	あさ開	岩手
南部美人	南部美人	岩手
雪の茅舎	齋彌酒造店	秋田
まんさくの花	日の丸醸造	秋田
天の戸・氷晶	浅舞酒造	秋田
秋田誉	秋田誉酒造	秋田
美酔冠	木村酒造	秋田
やまとしずく	秋田清酒	秋田
秋田晴	秋田酒造	秋田
太平山	小玉醸造	秋田
新政	新政酒造	秋田
一ノ蔵	一ノ蔵	宮城
浦霞	佐浦	宮城
伯楽星・愛宕の松	新澤醸造店	宮城
鳳陽・源氏	内ヶ崎酒造	宮城
勝山	勝山酒造	宮城
出羽桜	出羽桜酒造	山形
初孫	東北銘醸	山形
栄光冨士	冨士酒造	山形

銘柄	醸造元	生産地
雅山流・九郎左衛門	新藤酒造店	山形
楯の川	楯の川酒造	山形
魔斬	東北銘醸	山形
くどき上手	亀の井酒造	山形
上喜元	酒田酒造	山形
白露垂珠	竹の露酒造場	山形
月山	月山酒造	山形
住吉	樽平酒造	山形
鯉川	鯉川酒造	山形
大山	加藤嘉八郎酒造	山形
十四代	高木酒造	山形
奥の松	奥の松酒造	福島
大七	大七酒造	福島
末廣	末廣酒造	福島
ほまれ	ほまれ酒造	福島
紅寒梅	小原酒造	福島
奈良萬	夢心酒造	福島
人気一	人気酒造	福島
自然酒	仁井田本家	福島
名倉山	名倉山酒造	福島
越乃寒梅	石本酒造	新潟
久保田・洗心	朝日酒造	新潟
八海山	八海醸造	新潟

銘柄	醸造元	生産地
菊水	菊水酒造	新潟
〆張鶴	宮尾酒造	新潟
君の井	君の井酒造	新潟
蒲原・麒麟	下越酒造	新潟
きりんざん	麒麟山酒造	新潟
上善如水	白瀧酒造	新潟
鶴齢	青木酒造	新潟
吉乃川	吉乃川	新潟
真野鶴	尾畑酒造	新潟
水芭蕉	永井酒造	群馬
尾瀬の雪どけ	龍神酒造	群馬
惣誉	惣誉酒造	栃木
東力士	島崎酒造	栃木
天鷹	天鷹酒造	栃木
開花	第一酒造	栃木
仙禽	仙禽酒造	栃木
友七	愛友酒造	茨城
月の井	月の井酒造	茨城
渡舟	府中誉酒造	茨城
偕楽園	明利酒類	茨城
真澄	宮坂醸造	長野
スクエアワン	桝一市村酒造	長野
井筒長・くろさわ	黒沢酒造	長野
花陽浴	南陽酒造	埼玉
日本人のわすれもの	北西酒造	埼玉

銘柄	醸造元	生産地
白玉香	木戸泉酒造	千葉
甲子正宗	飯沼本家	千葉
東薫	東薫酒造	千葉
澤乃井	小澤酒造	東京
天青	熊澤酒造	神奈川
七賢	山梨銘醸	山梨
笹一	笹一酒造	山梨
磯自慢	磯自慢酒造	静岡
開運	土井酒造場	静岡
若竹	大村屋酒造場	静岡
臥龍梅	三和酒造	静岡
Black Dot	関谷酒造	愛知
梵	加藤吉平商店	福井
黒龍・九頭龍	黒龍酒造	福井
花垣	南部酒造	福井
真名鶴	真名鶴酒造	福井
伝心・般若湯	一本木久保本店	福井
越の磯	越の磯	福井
薫・一の谷	宇野酒造場	福井
萬歳楽	小堀酒造店	石川
菊姫	菊姫酒造	石川
遊穂	御祖酒造	石川
加賀鳶	福光屋	石川
天狗舞	車多酒造	石川
常きげん	鹿野酒造	石川

銘柄	醸造元	生産地
手取川	吉田酒造店	石川
宗玄	宗玄酒造	石川
竹葉・能登	数馬酒造	石川
加賀鶴	ちちや酒造	石川
AKIRA	中村酒造	石川
幻	皇国晴酒造	富山
立山	立山酒造	富山
七本鎗	冨田酒造	滋賀
喜楽長	喜多酒造	滋賀
御影郷	太田酒蔵	滋賀
小左衛門	中島醸造	岐阜
天領	天領酒造	岐阜
御代桜	御代桜醸造	岐阜
達磨正宗	白木恒助商店	岐阜
原田	原田酒造場	岐阜
白川郷	三輪酒造	岐阜
百十郎・金時	林本店	岐阜
長良川	小町酒造	岐阜
信長	日本泉酒造	岐阜
レッドメープル	東春酒造	愛知
蓬莱泉・明眸	関谷醸造	愛知
二兎	丸石醸造	愛知
作	清水清三郎商店	三重
風の森	油長酒造	奈良
みむろ杉	今西酒造	奈良
長龍	長龍酒造	奈良
梅の宿	梅の宿酒造	奈良
春鹿	今西清兵衛商店	奈良
黒牛	名手酒造店	和歌山
紀土	平和酒造	和歌山
蒼空	藤岡酒造	京都
玉の光	玉の光酒造	京都
月の桂	増田徳兵衛商店	京都
玉川	木下酒造	京都
神聖	山本本家	京都
澤屋まつもと	松本酒造	京都
城陽	城陽酒造	京都
沢の鶴	沢の鶴	兵庫
剣菱	剣菱酒造	兵庫
龍力	本田商店	兵庫
福寿	神戸酒心館	兵庫
小鼓	西山酒造場	兵庫
白鶴	白鶴酒造	兵庫
八重垣	ヤエガキ酒造	兵庫
奇跡のお酒	菊池酒造	岡山
御前酒	辻本店	岡山
酒一筋	利守酒造	岡山
大典白菊	白菊酒造	岡山
竹林	丸本酒造	岡山
嘉美心	嘉美心酒造	岡山

銘柄	醸造元	生産地
富久長	今田酒造本店	広島
賀茂泉	賀茂泉酒造	広島
龍勢	藤井酒造	広島
誠鏡	中尾醸造	広島
千福	三宅本店	広島
酔心	酔心山根本店	広島
千代むすび	千代むすび酒造	鳥取
鷹勇	大谷酒造	鳥取
掛合	竹下本店	島根
李白	李白酒造	島根
環日本海	日本海酒造	島根
獺祭	旭酒造	山口
五橋	酒井酒造	山口
貴	永山本家酒造	山口
原田	はつもみぢ	山口
雁木	八百新酒造	山口
川鶴	川鶴酒造	香川
金陵	西野金陵	香川
鳴門鯛	本家松浦酒造場	徳島
土佐鶴	土佐鶴酒造	高知
無手無冠	無手無冠	高知
酔鯨	酔鯨酒造	高知
司牡丹	司牡丹酒造	高知
亀泉	亀泉酒造	高知
梅錦	梅錦山川	愛媛

銘柄	醸造元	生産地
西の関	萱島酒造	大分
天吹	天吹酒造	佐賀
七田	天山酒造	佐賀
寒山水	喜多屋	福岡
庭のうぐいす	山口酒造場	福岡
熊本神力	千代の園酒造	熊本
ブルックリン・クラ	ブルックリン蔵	NY
堂島	堂島酒醸造所	ケンブリッジ

〈著者略歴〉

八木・ボン・秀峰（やぎ　ぼん　しゅうほう）

TICレストラングループ代表取締役社長。NPO法人日本食レストラン海外普及推進機構ニューヨーク支部世話人。NPO法人五絆ソサエティー理事。NPO法人日系人会理事。

1948年、茨城県生まれ。1968年に渡米し、フィラデルフィアへ。1980年、アメリカ市民権を取得。NYで24時間営業のアメリカンダイナーズレストラン「103」開業。1984年、マンハッタンのイーストビレッジに江戸前鮨の「波崎」を開店。以後シャブシャブ・すき焼き・焼き肉の「しゃぶ辰」、日本酒の酒場「でしべる」、日本酒のレストランバー「酒蔵」、手打ち蕎麦の「蕎麦屋」、関東風醤油ラーメンの「来々軒」、抹茶の和カフェ「茶庵」、カレー専門店「咖喱屋」、大正浪漫スタイルのコーヒーと日本酒バー「Hi-Collar」などを次々にオープン。現在17店舗を数える。

2009年、NPO法人FBOおよびSSIから「名誉唎酒師」の称号授与。2017年、農林水産省から日本食海外普及功労者表彰を受章。2019年、日本食普及功労者として旭日双光章を授与される。


世界のビジネスエリートが大注目！

教養として知りたい日本酒

2020年3月24日　第1版第1刷発行

著　者　八木・ボン・秀峰
発行者　後藤淳一
発行所　株式会社PHP研究所
東京本部　〒135-8137　江東区豊洲5-6-52
出版開発部　☎03-3520-9618（編集）
普及部　☎03-3520-9630（販売）
京都本部　〒601-8411　京都市南区西九条北ノ内町11
PHP INTERFACE　https://www.php.co.jp/

組　版　朝日メディアインターナショナル株式会社
印刷所　大日本印刷株式会社
製本所　東京美術紙工協業組合

ISBN978-4-569-84691-0